变频器技术应用

主　编　陈王克
副主编　王清杰

北京理工大学出版社
BEIJING INSTITUTE OF TECHNOLOGY PRESS

图书在版编目（CIP）数据

变频器技术应用 / 陈王克主编. —北京：北京理工大学出版社，2016.1 重印
ISBN 978 - 7 - 5640 - 9169 - 9

Ⅰ. ①变… Ⅱ. ①陈… Ⅲ. ①变频器 - 中等专业学校 - 教材 Ⅳ. ①TN773

中国版本图书馆 CIP 数据核字（2014）第 094356 号

出版发行 / 北京理工大学出版社有限责任公司
社　　址 / 北京市海淀区中关村南大街 5 号
邮　　编 / 100081
电　　话 / （010）68914775（总编室）
　　　　　82562903（教材售后服务热线）
　　　　　68948351（其他图书服务热线）
网　　址 / http://www.bitpress.com.cn
经　　销 / 全国各地新华书店
印　　刷 / 北京通县华龙印刷厂
开　　本 / 787 毫米 × 1092 毫米　1/16
印　　张 / 11
字　　数 / 258 千字
版　　次 / 2016 年 1 月第 1 版第 2 次印刷
定　　价 / 28.00 元

责任编辑 / 张慧峰
文案编辑 / 张慧峰
责任校对 / 周瑞红
责任印制 / 边心超

中等职业教育改革发展示范学校建设成果

本书编写组

主　编　陈王克

副主编　王清杰

参　编　林先明　刘宜茹　何儒友

　　　　黄　贝　王　发　叶人通

主　审　张　峭

前　　言

变频器是利用电力半导体器件的通断作用，将工频电源变换为另一频率的电能的控制装置，它是一种静止的频率变换器，可以把电力配电网 50 Hz 恒定频率的交流电变换成频率、电压均可调的交流电，可以作为交流电动机的电源装置，实现变频调速，在工业生产的各个领域都得到了广泛的应用。西门子公司的变频器 MICROMASTER 440（MM440）是全新一代可以广泛应用的多功能通用变频器。它采用高性能的矢量控制技术，提供低速高转矩输出和良好的动态特性，创新的 BiCo（内部功能互联）功能有无可比拟的灵活性，同时具备超强的过载能力，具有很高的运行可靠性和功能多样性，在工业控制领域得到越来越广泛的应用。众多自动化行业的工程技术人员和广大电气自动化、机电一体化等专业的学生渴望得到一本实用的变频调速教材。而以往的变频调速教材内容很深，理论性强，教学上迫切需要以介绍变频器应用为主要内容的教材来补充现有的教材体系，本教材就是在这种情况下编写成的。

结合人社部提出的工学结合一体化的教学模式，以综合职业能力培养为目标，以典型工作任务为载体进行编写。共包括 6 个学习任务，分别是地下车库排风机变频控制、离心机电气系统变频改造、传送带运输机电气系统的安装与调试、单台水泵变频启动工频运行控制、运料小车电气系统的安装与调试、啤酒生产系统传动控制等典型工作任务。每个任务采用 6 步法编写，包括明确工作任务、勘察施工现场、施工前的准备、现场施工、施工项目验收、工作总结与评价。充分体现“做中学，学中做”的职业教学特色。

本书可作为技工学校电气自动化、机电一体化等专业的教材，亦可作为社会培训用书或电气爱好者辅助用书。限于水平与经验，书中错误和疏漏之处在所难免，恳请广大读者将意见反馈给我们，衷心感谢！

编　者

目　　录

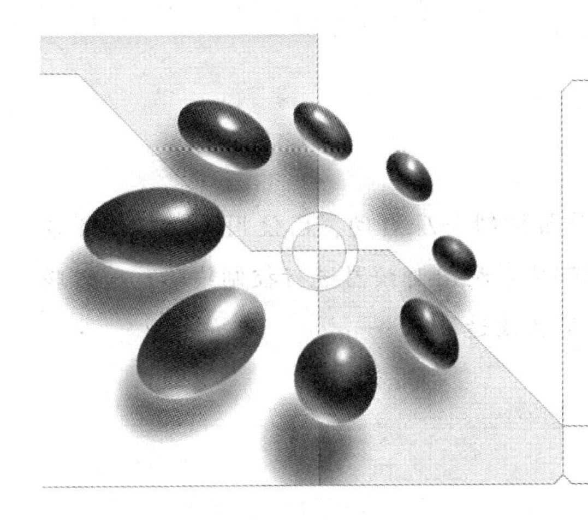

学习任务一
地下车库排风机变频控制

学习目标

1. 能阅读工作任务联系单，明确项目任务、工时、工作内容，服从工作安排。
2. 能准确描述施工现场特征。
3. 能正确分析风机的控制方式，为检修工作做好准备。
4. 能正确认识西门子 MM440 系列变频器。
5. 能根据勘察结果，列举出所需工具和材料清单，并制订工作计划。
6. 能正确设置工作现场必要的安全标识和隔离措施。
7. 能按图纸、工艺要求、安全规程要求安装接线。
8. 能正确填写任务单的验收项目，并交付验收。
9. 能以小组形式，正确规范撰写关于学习过程和实训成果的总结并汇报。
10. 能采用多种形式展示成果。

建议课时

24 课时

工作流程与活动

教学活动 1：明确工作任务

教学活动 2：勘察施工现场

教学活动 3：施工前的准备

教学活动 4：现场施工

教学活动 5：施工项目验收

教学活动6：工作总结与评价

工作情景描述

某广场地下停车库的风机原用继电器、接触器控制全压启动，已使用多年，设备老化，造成电能极大浪费，运行成本高。物业工程部要求利用变频器进行控制线路改造，联系到我院电控系维修电工专业人员来完成该车库风机改造工程。

教学活动一　明确工作任务

学习目标

能阅读工作任务联系单，明确项目任务、工时、工作内容，服从工作安排。

学习场地

教室

学习课时

4 课时

学习过程

工作任务联系单是施工作业中的基本单据，其中明确了该项工作的工作内容、时间要求、相关责任人等信息。维修电工在施工作业前，必须读懂工作任务联系单，准确获取该项工作的基本信息。请认真阅读工作情景描述，依据教师的故障现象描述或现场勘察情况，组织语言自行填写工作任务联系单（表 1－1）。

表 1－1　工作任务联系单

报修记录					
报修部门		报修人		联系电话	
报修级别	特急□　急□　一般□		计划完工时间	年　　月　　日以前	
故障设备		设备编号		报修时间	
故障状况					
客户要求					

续 表

<table>
<tr><td colspan="5">维修记录</td></tr>
<tr><td>接单人及时间</td><td colspan="2"></td><td>预定完工时间</td><td></td></tr>
<tr><td>派工</td><td></td><td></td><td></td><td></td></tr>
<tr><td>故障原因</td><td colspan="4"></td></tr>
<tr><td>维修类别</td><td colspan="4">小修□　　中修□　　大修□</td></tr>
<tr><td>维修情况</td><td colspan="4"></td></tr>
<tr><td>维修起止时间</td><td colspan="2"></td><td>工时总计</td><td></td></tr>
<tr><td>维修人员建议</td><td colspan="4"></td></tr>
<tr><td colspan="5">验收记录</td></tr>
<tr><td rowspan="2">验收项目</td><td>维修开始时间</td><td></td><td>完工时间</td><td></td></tr>
<tr><td colspan="4">维修人员工作态度是否端正：是 □　否□
本次维修是否已解决问题：是 □　否 □
是否按时完成：是 □　否 □
客户评价：非常满意□　基本满意□　不满意□
客户意见及建议：

验收人：　　日期：</td></tr>
</table>

引导问题 1：工作任务联系单中报修记录部分由谁填写？该部分的主要内容是什么？

引导问题2：工作任务联系单中维修记录部分应该由谁填写？该部分的主要内容是什么？

引导问题3：工作任务联系单中验收项目部分应该由谁填写？该部分的主要内容是什么？

小词典

工作任务联系单是进行绩效考核的重要依据，同时也可以解决维修人员之间互相扯皮的问题，促使维修人员加快维修速度。

引导问题4：在填写完工作任务联系单后你是否有信心完成此工作？要完成此工作你认为还欠缺哪些知识和技能？

认识变频器

1. 交流电动机的调速方法（公式）

$$n=60f/p;\ n_1=60f(1-s)/p$$

式中，　p——定子绕组的磁极对数；

s——转差率；

f——电源频率。

由此可见，交流电动机的调速方案有三种。

2. 何为变频器

变频器是利用电力半导体器件的通断作用，将工频电源变换为另一频率的电能的控制装置，它是一种静止的频率变换器，可以把电力配电网 50 Hz 恒定频率的交流电变换成频率、电压均可调的交流电，也可以作为交流电动机的电源装置，实现变频调速。

根据变换频率的方法：可以分为交—交和交—直—交两种形式。

根据主电路工作方式：可以分为电压型变频器和电流型变频器两种。

电压型是将电压源的直流变换为交流的变频器，直流回路的滤波是电容；电流型是将电流源的直流变换为交流的变频器，其直流回路滤波是电感。

目前常用的为交—直—交电压型变频器。

3. 为什么要使用变频器

变频器主要功能有三个：一是软启动马达；二是调频调压调电流（输出功率相同的时候调节马达的速度，简称 3 V）；三是空（轻）载时能在维持转速的时候减少电流（节能）。变频器在风机、水泵、电梯、起重机械上使用广泛，因为它不仅能节电，还可以很精确地控制电动机转速，平滑启动和停止过程，延长电动机使用寿命。变频器在空调上也被推广使用，因为它可以一直保持压缩机马达转动，从而减少马达启动电流，节省电力。总体来说，变频器用在启动频繁的马达上，节能效果明显。

4. 交直交变频器的基本构成（如图 1－1）

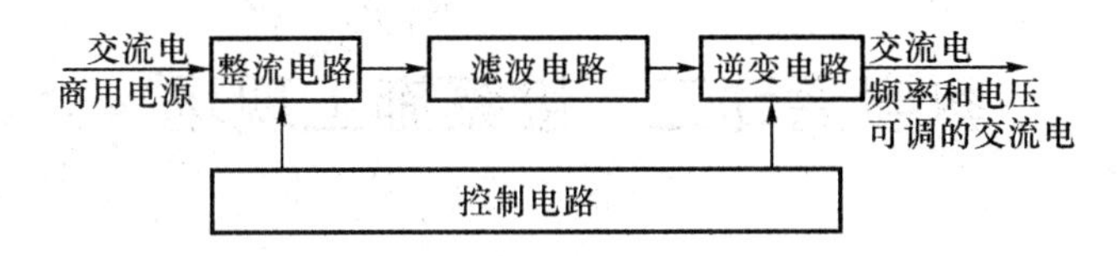

图 1－1　交直交变频器基本构成

5. 变频器由几部分组成？各部分都具有什么功能

变频器由两大部分组成，即主电路和控制电路。主电路包括整流电路、滤波电路逆变电路、制动单元。控制电路包括计算机控制系统、键盘与显示、内部接口及信号检测与传递、供电电源、外接控制端子。

整流电路由 6 只二极管组成，利用二极管的单向导电性将三相工频电全波整流为脉动的直流电；滤波电路由 2 只电容构成，利用电容电压不能突变的原理，将整流后的脉动直流电波动程度减小；逆变电路由 6 只 IGBT 组成的三相逆变桥，三相逆变桥由计算机控制将直流电逆变为三相 SPWM 波，驱动电动机工作。

6. 为什么根据工作电流选取变频器，更能使其安全工作

选择变频器时，通常以电动机容量和电动机的工作状态为依据，由于变频器输出回路是逆变电路，其输出电流的过载能力很差，因此，当电动机的额定电压选定后，选择变频器容量主要是核算变频器的输出电流，只要输出电流满足要求，变频器就可以安全工作。

教学活动二　勘察施工现场

学习目标

1. 能准确描述施工现场特征。
2. 能正确分析风机的控制方式，为检修工作做好准备。

学习场地

施工现场

学习课时

4 课时

学习过程

请通过勘察现场、查阅相关资料回答下列问题。

引导问题 1：描述施工现场特征。

引导问题 2：风机采用什么样的供电方式？其电压为多少？

引导问题 3：确定电动机的型号，查看电动机额定参数（表 1－2）。

表 1－2　电动机型号、额定参数表

参数名称	参数值	参数名称	参数值	参数名称	参数值
型号		电流		频率	
电压		转速		工作制	
功率		防护等级		质量	
绝缘等级		接法		出厂编号	

电动机铭牌常识

在三相电动机的外壳上钉有一块牌子，叫铭牌。铭牌上注明这台三相电动机的主要技术数据，是选择、安装、使用和修理（包括重绕组）三相电动机的重要依据，铭牌的主要内容如下：

同步转速计算：$n_1 = \dfrac{60f_1}{p}$

转差率计算：$s = \dfrac{n_1 - n}{n_1}$

1. 型号（Y－112M－4）

Y 为电动机的系列代号，112 为基座至输出转轴的中心高度（mm），M 为机座类别（L 为长机座，M 为中机座，S 为短机座），4 为磁极数。

旧的型号如 J02－52－4：J 为异步电动机，0 为封闭式，2 为设计序号，5 为机座号，2 为铁芯长度序号，4 为磁极数。

2. 额定功率（4.0 kW）

额定功率是指在满载运行时三相电动机轴上所输出的额定机械功率，用 P_N 表示，以千瓦（kW）或瓦（W）为单位。

3. 额定电压（380 V）

额定电压是指接到电动机绕组上的线电压，用 U_N 表示。三相电动机要求所接的电源电压值的变动一般不应超过额定电压的 ±5%。电压过高，电动机容易烧毁；电压过低，电动机难以启动，即使启动后电动机也可能带不动负载，容易烧坏。

4. 额定电流（8.8 A）

额定电流是指三相电动机在额定电源电压下，输出额定功率时，流入定子绕组的线电流，用 I_N 表示，以安（A）为单位。若超过额定电流过载运行，三相电动机就会过热乃至烧毁。

三相异步电动机的额定功率与其他额定数据之间有如下关系式：

$$P_N = \sqrt{3} U_N I_N \cos\varphi_N \eta_N$$

式中，$\cos\varphi_N$ ——额定功率因数；

η_N ——额定效率。

5. 额定频率（50 Hz）

额定频率是指电动机所接的交流电源每秒钟内周期变化的次数，用 f_N 表示。我国规定标准电源频率为 50 Hz。

6. 额定转速（1 440 r/min）

额定转速表示三相电动机在额定工作情况下运行时每分钟的转速，用 n_N 表示，一般是略小于对应的同步转速 n_1。如 n_1=1 500 r/min，则 n_N =1 440 r/min。

7. 绝缘等级

绝缘等级是指三相电动机所采用的绝缘材料的耐热能力，它表明三相电动机允许的最高工作温度。它与电动机绝缘材料所能承受的温度有关。A 级绝缘为 105℃，E 级绝缘为 120℃，B 级绝缘为 130℃，F 级绝缘为 155℃，C 级绝缘为 180℃。

8. 接法（△）

三相电动机定子绕组的连接方法有星形（Y）和三角形（△）两种。定子绕组的连接只能按规定方法连接，不能随意改变接法，否则会损坏三相电动机。

9. 防护等级（IP44）

防护等级表示三相电动机外壳的防护等级，其中 IP 是防护等级标志符号，其后面的两位数字分别表示电动机防固体和防水能力。数字越大，防护能力越强，如 IP44 中第一位数字“4”表示电动机能防止直径或厚度大于 1 毫米的固体进入电动机内壳。第二位数字“4”表示能承受任何方向的溅水。

10. 噪声等级（82 dB）

在规定安装条件下，电动机运行时噪声大于铭牌值。

11. 定额

定额是指三相电动机的运转状态，即允许连续使用的时间，分为连续、短时、周期断续三种。

（1）连续

连续工作状态是指电动机带额定负载运行时，运行时间很长，电动机的温升可以达到稳态温升的工作方式。

（2）短时

短时工作状态是指电动机带额定负载运行时，运行时间很短，使电动机的温升达不到稳态温升，并且停机时间很长，使电动机的温升可以降到零的工作方式。

（3）周期断续

周期断续工作状态是指电动机带额定负载运行时，运行时间很短，使电动机的温升达不到稳态温升；停止时间也很短，使电动机的温升降不到零，工作周期小于 10 min 的工作方式。

引导问题 4：请根据使用说明书或现场测量，绘制出风机的工作原理图。

小词典

电动机正转自锁控制电气原理图，如图 1－2 所示。

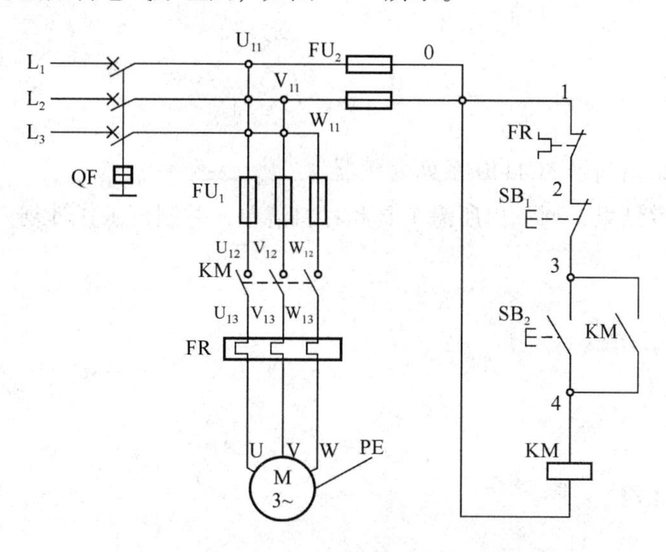

图 1－2　电动机正转自锁控制电气原理图

引导问题 5：请小组长将各成员分析的工作原理进行汇总、讨论，并展示学习成果。

教学活动三　施工前的准备

学习目标

1. 能正确认识西门子 MM440 系列变频器。
2. 能根据勘察结果，列举出所需工具和材料清单，并制订工作计划。

学习场地

教室

学习课时

4 课时

学习过程

查阅相关资料，回答下列问题，为施工做好准备。

引导问题 1：电气设备在检修时也需要遵循一些原则，你知道是什么吗？请查阅《电工安全操作规程》《电气设备运行管理规程》《电气装置安装工程施工及验收规范》等电工操作规范后再简要叙述。

小词典

电气设备维修的十项原则

1. 先动口再动手

对于有故障的电气设备，不应急于动手，应先询问产生故障的前后经过及故障现象。对于不熟悉的设备，还应先熟悉电路原理和结构特点，遵守相应规则。拆卸前要充分熟悉每个电气部件的功能、位置、连接方式以及与其他器件的关系，在没有组装图的情况下，应一边拆卸，一边画草图，并记上标记

2. 先外部后内部

应先检查设备有无明显裂痕、缺损，了解其维修史、使用年限等，然后再对机内进行检查。拆前应排除周边的故障因素，确定为机内故障后才能拆卸，否则可能越修越坏。

3. 先机械后电气

只有在确定机械零件无故障后，再进行电气方面的检查。检查电路故障时，应利用检测仪器寻找故障部位，确认无接触不良故障后，再有针对性地查看线路与机械的运作关系，以免误判。

4. 先静态后动态

在设备未通电时，判定电气设备按钮、接触器、热继电器以及保险丝的好坏，从而判定故障所在。通电试验，听其声、测参数、判定故障，最后进行维修。如在电动机缺相时，测量三相电压值无法判别，就应该听其声，单独测每相对地电压，方可判定哪一相缺损。

5. 先清洁后维修

对污染较重的电气设备，先对其按钮、接线点、接触点进行清洁，检查外部控制键是否失灵。许多故障都是由脏污及导电尘块引起的，一经清洁故障往往会排除。

6. 先电源后设备

电源部分的故障率在整个故障设备中占的比例很高，所以先检修电源往往可以事半功倍。

7. 先普遍后非凡

因装配配件质量或其他设备故障而引起的故障，一般占常见故障的50%左右。电气设备的非凡故障多为软故障，需要经验和仪表来测量和维修。

8. 先外围后内部

先不要急于更换损坏的电气部件，在确认外围设备电路正常后，再考虑更换损坏的电气部件。

9. 先直流后交流

检修时，必须先检查直流回路静态工作点，再检查交流回路动态工作点。

10. 先故障后调试

对于调试和故障并存的电气设备，应先排除故障，再进行调试，调试必须在电气线路完好的前提下进行。

引导问题 2：本次任务需要用变频器对原有继电控制线路进行改造，请查阅资料并简要叙述为什么要使用变频器进行改造。

引导问题 3：请想一想，利用西门子 MM440 变频器对原有继电控制线路进行改造（大修）需要用到哪些知识？

小词典

西门子 MICROMASTER 440 变频器

西门子 MICROMASTER 440（MM440）是用于控制三相交流电动机速度和转矩的变频器，是全新一代可以广泛应用的多功能标准变频器。它采用高性能的矢量控制技术，提供低速高转矩输出和良好的动态特性，同时具备超强的过载能力，以满足广泛的应用场合。创新的 BiCo（内部功能互联）功能有无可比拟的灵活性。

本系列有多种型号，额定功率范围从 120 W 到 200 kW〔恒定转矩（CT）控制方式〕，或者可达 250 kW〔可变转矩（VT）控制方式〕。本变频器由微处理器控制，并采用具有现代先进技术水平的绝缘栅双极型晶体管（IGBT）作为功率输出器件。因此，它具有很高的运行可靠性和功能多样性。采用脉冲频率可选的专用脉宽调制技术，可使电动机低噪声运行。全面而完善的保护功能为变频器和电动机提供了良好的保护。

MM440 具有缺省的工厂设置参数，它是给数量众多可变速控制系统供电的理想变频传动装置。由于 MM440 具有全面而完善的控制功能，在设置相关参数以后，它也可用于更高级的电动机控制系统。

MM440 既可用于单独传动系统，也可集成到“自动化系统”中。

1. 主要特征

（1）易于安装；

（2）易于调试；

（3）牢固的 EMC 设计；

（4）可由 IT 电源供电；

（5）对控制信号的响应快速、可重复；

（6）参数设置的范围很广，确保它可对广泛的应用对象进行配置；

（7）电缆连接简便；

（8）具有多个继电器输；

（9）具有多个模拟量输出（0～20 mA）；

（10）6 个带隔离的数字输入，并可切换 NPN/PNP 接线；

（11）2 个模拟输入；

（12）ADC1：0～10 V，0～20 mA 和 −10～+10 V；

（13）ADC2：0～10 V，0～20 mA；

（14）2 个模拟输入端口可以作为第 7 和第 8 个数字输入端口；

（15）BICO 技术；

（16）模块化设计，配置非常灵活；

（17）开关频率高（传动变频器可到 16 kHz），因而电动机运行的噪声低；

（18）内置 RS485 接口（端口）；

（19）详细的变频器状态信息和完整的信息功能；

（20）200 ~240 V（±10%），单相/三相，交流，0.12~45 kW；

（21）380~480 V（±10%），三相，交流，0.37~250 kW；

（22）矢量控制方式，可构成闭环矢量控制，闭环转矩控制；

（23）高过载能力，内置制动单元；

（24）三组参数切换功能。

2. 控制功能

（1）线性 *U/f* 控制、平方 *U/f* 控制、可编程多点设定 *v/f* 控制、磁通电流控制、免测速矢量控制、闭环矢量控制、闭环转矩控制、节能控制；

（2）标准参数结构，标准调试软件；

（3）数字量输入 6 个，模拟量输入 2 个，模拟量输出 2 个，继电器输出 3 个；

（4）独立 I/O 端子板，方便维护；

（5）采用 BiCo 技术，实现 I/O 端口自由连接；

（6）集成 RS485 通信接口，可选 PROFIBUS - DP/Device - Net 通信模块；

（7）具有 15 个固定频率，4 个跳转频率，可编程；

（8）可实现主/从控制及力矩控制方式；

（9）在电源消失或故障时具有“自动再启动”功能；

（10）灵活的斜坡函数发生器，带有起始段和结束段的平滑特性；

（11）快速电流限制（FCL），防止运行中不应有的跳闸；

（12）有直流制动和复合制动两种方式，能提高制动性能。

3. 保护功能

（1）过载能力为 200% 额定负载电流，持续时间 3 秒；150% 额定负载电流，持续时间 60 秒；

（2）过电压、欠电压保护；

（3）变频器、电动机过热保护；

（4）接地故障保护，短路保护；

（5）闭锁电动机保护，防止失速保护；

（6）采用 PIN 编号实现参数连锁；

4. 拆装

1）机械拆装

（1）把变频器安装到35 mm 标准导轨上（EN 50022）（图1-3）。

① 用标准导轨的上闩销把变频器固定到导轨上。

② 用一字螺丝刀按下释放机构直到将变频器嵌入导轨的下闩销。

（2）从导轨上拆下变频器。

① 为了松开变频器的释放机构，将螺丝刀插入释放机构中。

② 向下施力，导轨的下闩销就会松开。

③ 将变频器从导轨上取下。

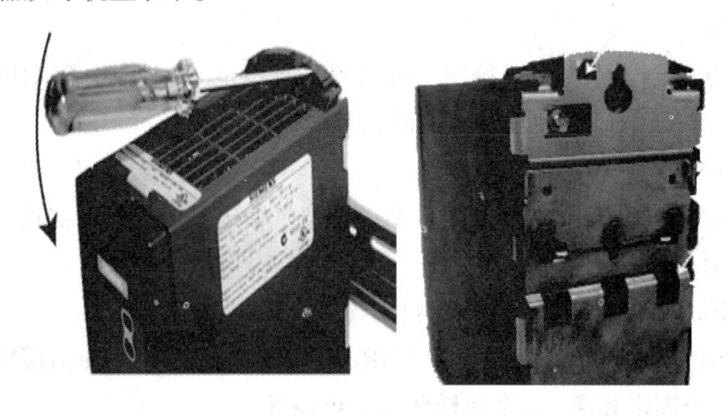

图1-3 把变频器安装到35 mm 标准导轨上（EN 50022）

（3）更换操作面板（图1-4）。

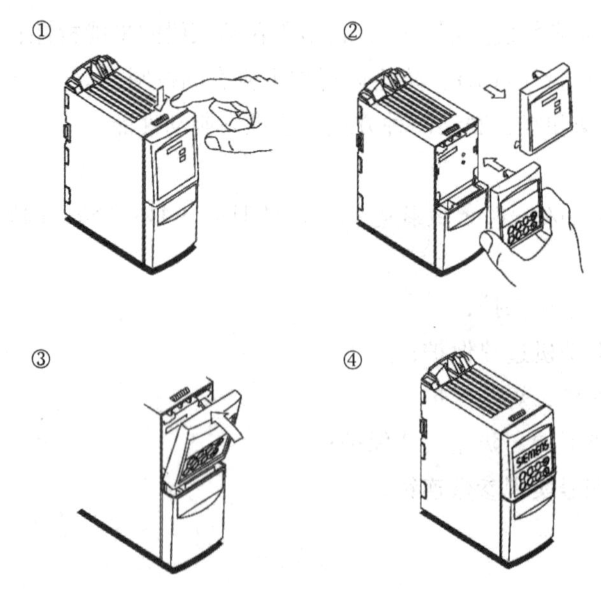

图1-4 更换操作面板

（4）拆卸前盖板（图 1－5）。

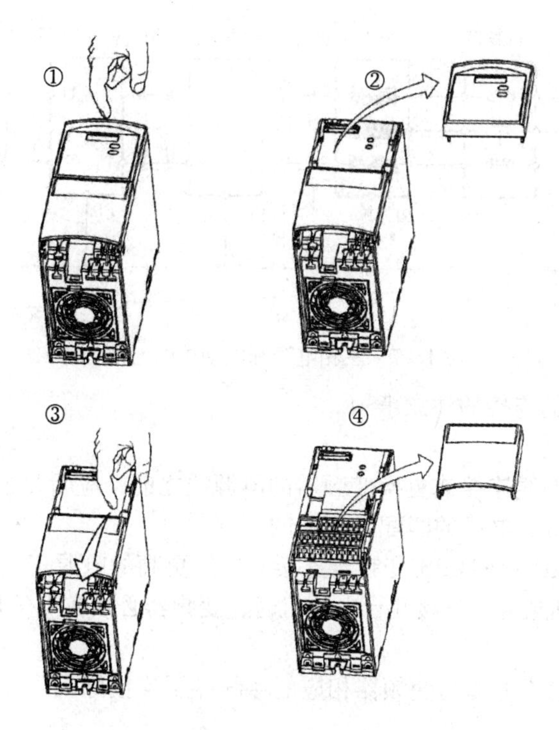

图 1－5　拆卸前盖板

2）电气安装

（1）电源和电动机的连接。

① 电源和电动机的连接见图 1－6、图 1－7 所示。

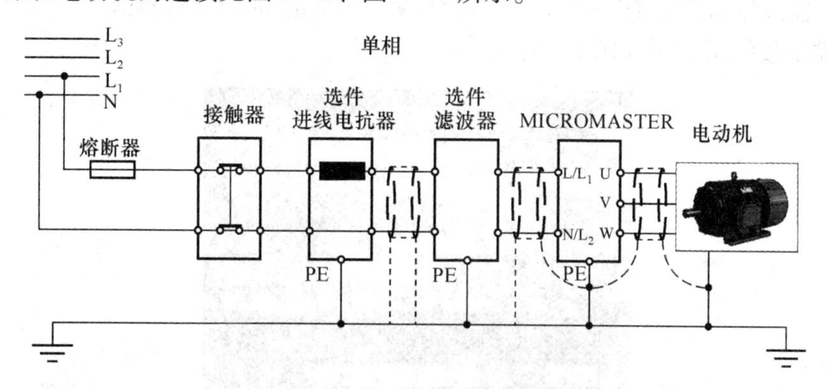

图 1－6　单相电源和电动机的连接

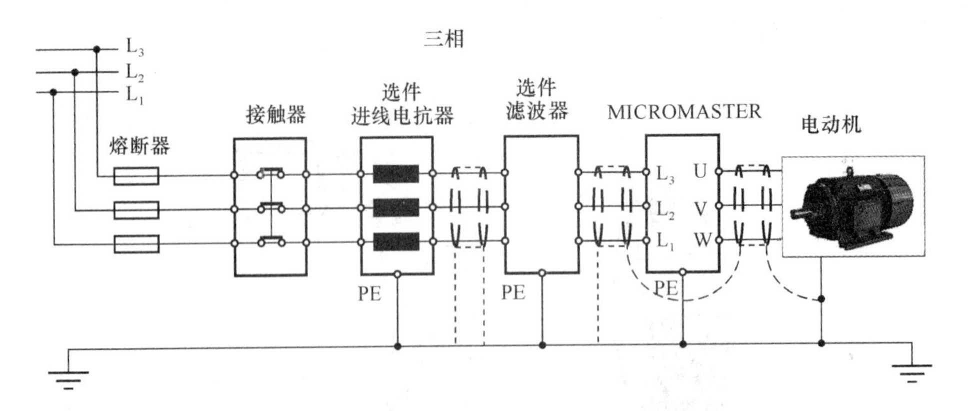

图 1-7　三相电源和电动机的连接

② 电源和电动机的连接的注意事项。

a. 变频器必须接地。

b. 在变频器与电源线连接或更换变频器的电源线之前，应断开主电源。

c. 保证变频器与电源电压的匹配是正确的。

d. 不允许把 MICROMASTERS 变频器连接到电压更高的电源。

e. 连接同步电动机或并联连接几台电动机时，变频器必须在 *U/f* 控制特性下（P1300 = 0、2 或 3）运行。

f. 电源电缆和电动机电缆与变频器相应的接线端子连接好以后，在接通电源时必须保证变频器的前盖板已经盖好。

g. 保证供电电源与变频器之间已经正确接入与其额定电流相应的断路器或熔断器。

h. 连接线只能使用 1 级 60/75℃ 的铜线（符合 UL 的规定）。

i. L_1、L_2、L_3 接电源；U、V、W 接电动机；接反将烧坏电源/电动机。

j. 继电器故障输出端子，耐压 AC0 ~ 250 V，如果接 380 V 将烧坏。

（2）端部接线实物图（图 1-8）。

图 1-8　端部接线实物图

(3) 控制端子内部原理图（图 1-9）。

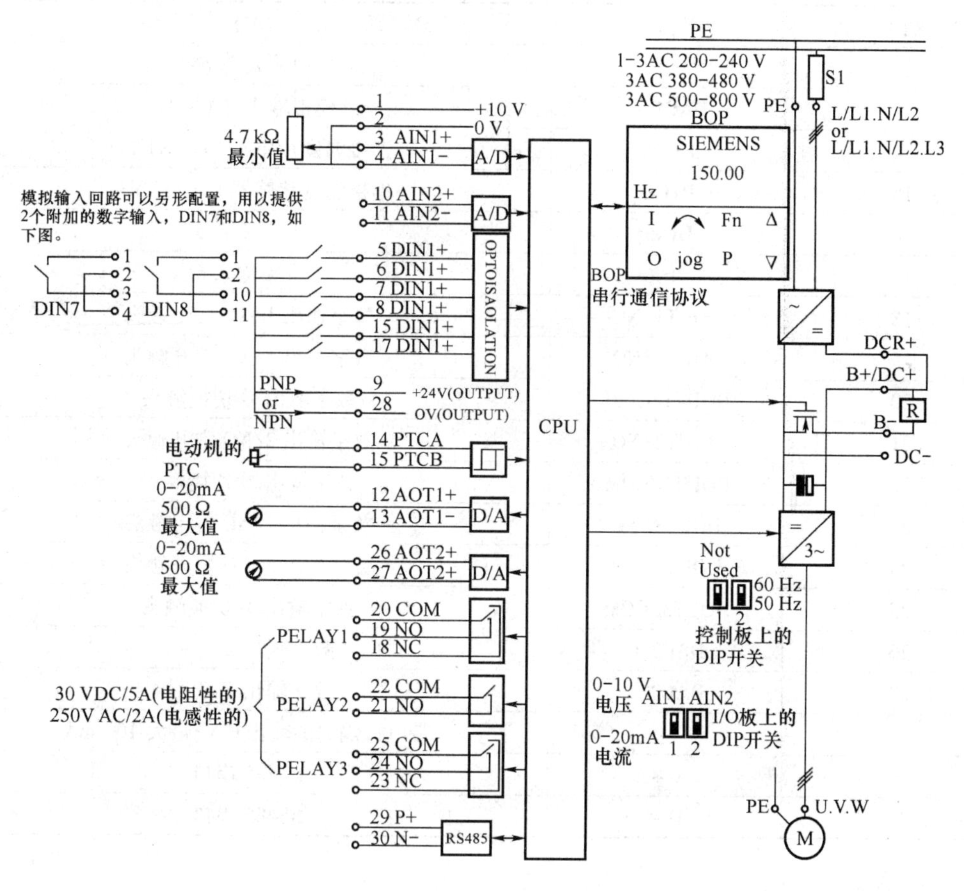

图 1-9　控制端子内部原理图

(4) 控制端子功能（表 1-3）。

表 1-3　控制端子功能表

端子	名称	功能
1	-	输出 +10 V
2	-	输出 0 V
3	ADC1 +	模拟输入 1（+）
4	ADC1 -	模拟输入 1（-）
5	DIN1	数字输入 1
6	DIN2	数字输入 2
7	DIN3	数字输入 3
8	DIN4	数字输入 4
9	-	带电位隔离的输出 +24 V/最大 100 mA
10	ADC2 +	模拟输入 2（+）
11	ADC2 -	模拟输入 2（-）

续 表

端子	名称	功能
12	DAC1 +	模拟输入 1 （+）
13	DAC1 -	模拟输入 1 （-）
14	PTCA	连接温度传感器 PTC/KTY84
15	PTCB	连接温度传感器 PTC/KTY84
16	DIN5	数字输入 5
17	DIN6	数字输入 6
18	DOUT1/NC	数字输出 1/NC 常闭触头
19	DOUT1/NO	数字输出 1/NO 常开触头
20	DOUT1/COM	数字输出 1/切换触头
21	DOUT2/NO	数字输出 2/NO 常开触头
22	DOUT2/COM	数字输出 2/切换触头
23	DOUT3/NC	数字输出 3/NC 常闭触头
24	DOUT3/NO	数字输出 3/NO 常开触头
25	DOUT3/COM	数字输出 3/切换触头
26	DAC2 +	数字输出 2 （+）
27	DAC2 -	数字输出 2 （-）
28	-	带电位隔离的输出 0 V/最大 100 mA
29	P +	RS485 串口
30	P -	RS485 串口

（5）说明。

① 变频器可以通过 2 个外部模拟量输入接口（3、4）或（10、11），6 个点开关量（5、6、7、8、16、17）输入信号，1 个点开关量（1、2）输出信号 0 ~ +10 V，进行控制。

②（12、13）或（26、27）端子为模拟量输出 0 ~ 20 mA 信号，其功能也是可编程的，用于输出显示运行频率、电流等。变频器有两路频率设定通道，开环控制时只用 AIN1 通道，闭环控制时使用 AIN2 通道作为反馈输入，两路模拟设定进行叠加。

③（29、30）为通信接口端子，是一个标准的 RS - 485 接口。S7 - 200 系列 PLC 通过此通信接口，可以实现对变频器的远程控制。

引导问题 4：查阅相关资料，编写本改造工程的施工计划。

小词典

××工程施工计划

施工组织是施工管理工作中一项很重要的工作，也是决定施工任务完成好坏的关键。编制过程中必须采用科学的方法，对较复杂的建设项目，要组织有关人员多次讨论、反复修改，最终达到施工组织设计优化的目的。在编制施工组织设计过程中，为了方便使用以及计划书的直观、明了，应尽量减少文字叙述，多采用图表。下面是某单位施工计划的范文，请参照它编写自己的施工计划。

封面	×有限公司××控制系统改造施工方案	
编制：	审核：	批准：
××公司 年 月 日		
目录		
正文		

×有限公司××控制系统改造施工方案

说明

为规范检修行为，确保××控制柜卡件、电源等安全，本次小修将在××控制柜内加装隔离栅，确保卡件安全。

1. 目的

指导××有限公司××部××专业××班对××控制柜××安装工作；成为所有参加本项目的工作人员所必须遵循的质量保证程序，便于运行中加强监视，利于××安全稳定运行。

2. 适用范围

本方案只适用于××控制柜××安装工作。

3. 编制依据

1）《电工安全操作规程》。

3）《电气设备运行管理规程》。

3）《电气装置安装工程施工及验收规范》。

4. 组织机构

4.1 工作组

组长：××

工作负责人：××

工作成员：×× ×× ××

4.2 安全组织机构

组长：××

成员：××

4.3 施工配合工作组

××班

5. 施工前准备

5.1 施工前材料准备（见表1－4）：

表1－4　施工前材料准备

序号	名称	型号规格（图号）	单位	数量	备注
1	隔离栅		个	26	
2	隔离栅固定架		米	3	
3	螺丝		个	52	
4	螺母		个	52	
5	垫片		个	104	

5.2 现场准备及工具（见表1－5）：

表1－5　现场准备及工具

一、材料类					
序号	名称	型号	单位	数量	备注
1	钻头		个	5	
2	单芯硬线		米	20	
二、工具类					
1	螺丝刀		把	1	
2	尖嘴钳子		把	1	
3	手枪钻		台	1	
4	扳手		把	1	

6. 组织措施

6.1 安装规范：

6.1.1 施工前组织学习《××方案》。

6.1.2 施工前学习××控制柜进线电源开关安装位置和合理布线及电动工具的正确使用方法。

6.1.3 作业前认真开展危险点分析，分析施工过程中可能造成的人身及设备的不安全因素，采取有效防范措施。

6.2 技术措施：

6.2.1 对参加检修人员进行检修前的安全技术交底并签字，明确检修内容和技术要求及安全注意事项。

6.2.2 电缆对地和线间绝缘阻值应大于 200 MΩ。

6.2.3 ××控制柜隔离栅开关改造前，必须按设备说明书以及电缆线路绘制图纸。

6.2.4 新隔离栅开关安装完毕后，核对图纸，仔细校验接线，无误后方可进行其他部件的安装工作。

6.2.5 建立质量责任制，将设备检修质量落实到人。

6.2.6 加强过程控制，检修中各级质量检验人员需加强现场巡视，决不放过每一个可能出现的质量问题。

6.3 安全措施：

6.3.1 凡参加人员着装必须符合安全工作规定，安全防护用品必须佩带齐全，避免发生机械伤害。

6.3.2 进入检修现场时，工作负责人需向工作组成员交代安全措施和危险点、控制措施及安全注意事项。

6.3.3 施工时，人员配备充足，做好安全措施，避免发生设备损坏及人身伤害事故。

6.3.4 系统回路接线，按照说明书图纸进行，不准凭记忆接线。

6.3.5 通电试验前，工作负责人必须核对接线情况。

6.4 计划总工期：

6.4.1 机柜开孔，安装支架：1 天。

6.4.2 安装电源开关，接线：1 天。

6.4.3 设备验收：1 天。

6.4.4 计划工期：3 天。

6.5 施工步骤：

6.5.1 清理设备及四周，查看检修记录。

6.5.2 ××选取位置合理，符合规定。

6.5.3 隔离栅开关支架固定牢固。

6.5.4 接线牢固、可靠、无松动，电源开关良好可靠。

6.5.5 检修报告填写。

6.6 检修工序：

6.6.1 就地设备检修普查，整理材料计划。

6.6.2 办理检修工作票。

6.6.3 根据《检修前进行工况分析》的要求应做好详细的记录。

6.6.4 就地设备拆卸定置存放。

6.6.5 新到设备验收。

6.6.6 电源开关固定架安装牢固。

6.6.7 电源开关质量符合规定。

6.6.8 安装并投入使用及符合质量标准。

6.6.9 电源开关安装端正、牢固，接线正确，接触良好。

6.6.10 电源开关满足需要，质量合格。

6.6.11 整个回路运行是否正常。

6.6.12 清理现场卫生。

6.6.13 各种工作终结后记录所有数据及参数。

6.6.14 工作终结。

6.6.15 办理工作票，完成工序。

7. 安全文明施工

本项目的危险点主要为：安装××时注意机械伤害、触电，系统回路接线防止设备损坏等，并做好相应的防范措施。

7.1 安全风险分析：

7.1.1 危险源1：机械伤害

防范措施：正确使用工器具。

7.1.2 危险源2：触电

防范措施：停电、验电、挂牌，明确带电部位，加强监护。

7.1.3 危险源3：设备损害

防范措施：确认系统回路接线正确，方可试验。

7.2 文明施工：

7.2.1 所有施工人员应履行本岗位职业安全卫生和环境职责。

7.2.2 电源流量开关应符合安全文明施工要求。

7.2.3 工作结束后，仔细检查工作场所，将工作场所内的杂物进行回收，做到工完、料净、场地清。

7.2.4 施工完毕，各种材料、工具及时回收。

8. 质量标准

8.1 电源线应布置有序，走向合理。

8.2 电源开关接线电缆无破损，绝缘良好。

8.3 电源开关接线正确无误。

8.4 电源开关容量满足需要。

9. 施工调试后验收（见表1-6）

表1-6　施工调试后验收表

序号	验证点	工作负责人自检		
		结论	签字	日期
1	电源线应布置有序，走向合理			
2	电源开关接线电缆无破损，绝缘良好			
3	电源开关接线正确无误			
4	电源开关容量满足需要			
序号	验证点	热控专业验证		
		结论	签字	日期
1	电源线应布置有序，走向合理			
2	电源开关接线电缆无破损，绝缘良好			
3	电源开关接线正确无误			
4	电源开关容量满足需要			
序号	验证点	设备部验证		
		结论	签字	日期
1	电源线应布置有序，走向合理			
2	电源开关接线电缆无破损，绝缘良好			
3	电源开关接线正确无误			
4	电源开关容量满足需要			
序号	验证点	发电部、运行部验证		
		结论	签字	日期
1	电源线应布置有序，走向合理			
2	电源开关接线电缆无破损，绝缘良好			
3	电源开关接线正确无误			
4	电源开关容量满足需要			

引导问题5：请列举所要用的工具、材料清单，并进行人员分工。

1. 人员分工（见表1－7）

表1－7　人员分工表

姓名	工作任务	备注

2. 工具及材料清单（见表1－8）

表1－8　工具及材料清单

序号	工具或材料名称	单位	数量	备注

教学活动四　现场施工

学习目标

1. 能正确设置工作现场必要的安全标识和隔离措施。
2. 能按图纸、工艺要求、安全规程要求安装接线。
3. 能进行西门子 MM440 系列变频器的复位、优化参数设置，调试改造（大修）系统。
4. 能在作业完毕后清点、整理工具，收集剩余材料，清理工程垃圾，拆除防护措施。

学习场地

教室

学习课时

4 课时

学习过程

通过前面勘察现场与施工准备，已经确定改造（大修）方案，请根据图纸、工艺要求、安全规程要求安装接线，设置变频器参数，调试系统直至完成控制要求。

引导问题 1：现场需要采取哪些安全隔离措施？

小词典

常见安全隔离措施

（1）改造（大修）电气工作至少应由两人进行。

（2）停电时，在刀闸操作手柄上挂“禁止合闸，有人工作”警示牌。

（3）工作时，必须严格按照停电、验电、放电、挂停电牌的安全技术步骤操作。

（4）现场工作开始前，应检查安全措施是否符合要求，运行设备及检修设备是否明确分开，严防误操作。

（5）严禁带电作业。

（6）检修时，拆下的零件要集中摆放，拆接线前，必须将接线顺序及线号记好，避免出现接线错误。

（7）检修完毕，经全面检查无误后将隔离刀闸送上，试运转后，将结果汇报组长，并做好检修记录。

引导问题2：查阅相关工艺要求规程、安全规程，结合施工图纸安装接线。

引导问题3：西门子 MM440 系列变频器（图1－10）如何进行参数复位（恢复出厂默认设置值）？

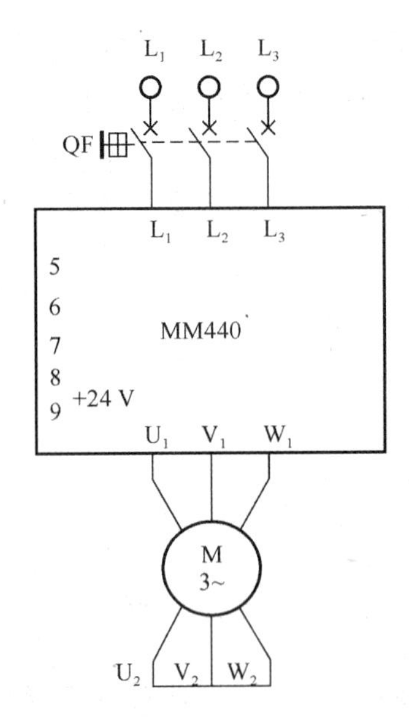

图1－10　西门子 MM440 系列变频器电路示意图

小词典

变频器的参数恢复为出厂默认参数值

当变频器的参数设定错误，将影响变频器的正常运行，可以使用基本面板或高级面板将变频器的所有参数回复到工厂默认值，步骤如下：

（1）设定　P0010＝30。

（2）设定　P0970＝1。

完成复位过程至少要3分钟。

知识链接

一、MM440 变频器参数简介

1. MM440 变频器参数分类

MM440 变频器参数可以分为显示参数和设定参数两大类。

(1) 显示参数为只读参数，以 r×××× 表示，典型的显示参数为频率给定值、实际输出电压、实际输出电流等。

(2) 设定参数为可读写的参数，以 P×××× 表示。

设定参数可以用基本操作面板、高级操作面板或通过串行通信接口进行修改，使变频器实现一定的控制功能。

(3) 变频器的参数有三个用户访问级，“1” 标准级、“2” 扩展级和 “3” 专家级。

访问的等级由参数 P0003 来选择，对于大多数应用对象，只要访问标准级（P0003 = 1）和扩展级（P0003 =2）参数就足够了。第三级的参数只是用于内部的系统设置，是不能修改的。第三访问级参数只有得到授权的人员才能修改。

2. 用基本操作面板（BOP）更改参数的数值

(1) 下面说明如何用基本操作面板（BOP）改变 P0003 “访问级” 的数值，操作步骤见表 1 -9：

表 1 -9　修改访问级参数 P0003 的步骤

	操作步骤	显示结果
1	按 P 键访问参数	r0000
2	按↑键，直到显示出 P0003	P0003
3	按 P 键，进入参数访问级	1
4	按↑或↓键，达到所要求的数值（例如：3）	3
5	按 P 键，确认并存储参数的数值	P0003

3. 快速改变参数值的操作

为了快速修改参数的数值，可以单独修改显示出的每个数字，操作步骤如下：

(1) 按 Fn（功能键），最右的一个数字闪烁。

(2) 按按↑或↓键，修改这个数字的数值。

(3) 再按 Fn（功能键），相邻的下一个数字闪烁。

(4) 重复执行（2）至（3）步，直到显示出所要求的数值。

(5) 按 P 键，确认并存储参数的数值，退出对参数数值的访问。

二、MM440 变频器操作面板的介绍

MM440 传动装置可选用 BOP（基本操作面板）或 AOP（高级操作面板），AOP 的特点是采用明文显示，可以简化操作控制、诊断和调试（启动）。

1. MM440 变频器操作面板（见图 1－11）

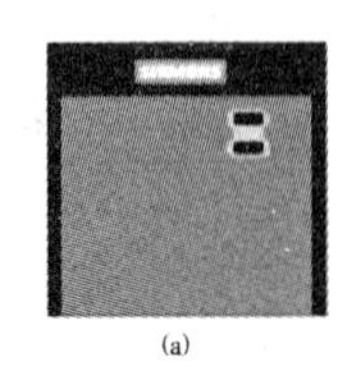
(a)

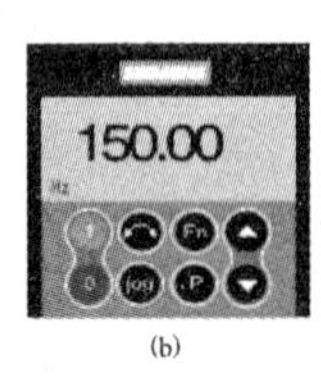

(b)

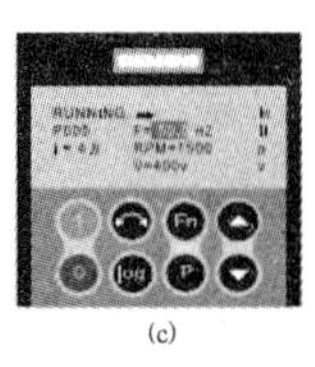

(c)

图 1－11　MM440 变频器操作面板

（a）SDP 状态显示板；（b）BOP 状态显示板；（c）AOP 状态显示板

（1）利用 SDP 和制造厂的默认设置值，就可以使变频器成功地投入运行。

（2）如果工厂的设置默认值不适合用户的设备情况，可以利用基本操作板（BOP）或高级操作板（AOP）修改参数。

（3）作为选件的 BOP 允许访问传动变频器参数。在这种情况下，状态显示板（SDP）应卸掉，并且用专门的安装附件（BOP 门安装附件）将 BOP 插在柜门上并接好线。

（4）用 BOP 可以改变参数值，这样，允许 MICROMASTER 传动装置构成实际应用。除按键外它还有一个 5 位 LCD 显示器，可显示参数号 r××××和 p××××参数值、参数单位（如［A］、［V］、［Hz］、［s］）、报警 A××××或故障信息 F××××和给定值、实际值。

（5）相对于 BOP 而言，AOP（可作为选件）有下列附加功能：

- 多种语言和多行明文显示。
- 补充显示单位，诸如［Nm］、［°C］等。
- 说明激活参数、故障信息等。
- 诊断菜单用于支持故障消除。
- 用同时按压 Fn 和 P 键来直接调用主菜单。
- 定时器每个入口带有 3 个可切换操作。
- 可下载/存储的参数设定组可达 10 个。
- 用 USS 协议来实现 AOP 和 MICROMASTER 之间的通信。1 个 AOP 可以连接至传动变频器的 BOP 链路（RS232）和 COM 链路接口（RS485）。
- 能多点连接至 31 台 MICROMASTER 传动变频器的控制系统（开环）和观察系统，在这种情况下 USS 总线必须通过 COM 链路接口的传动变频器端子进行配置和参数设置。

2. BOP 面板基本操作方法（见表 1－10）

表 1－10　BOP 面板基本操作方法

显示按钮	功能 状态显示	功能的说明 LCD 显示变频器当前的设定值
I	启动变频器	按此键启动变频器。默认值运行时此键是被封锁的。为了使此键的操作有效，应设定 P0700＝1
0	停止变频器	0FF1：按此键，变频器将按选定的斜坡下降速率减速停止。默认值运行时此键是禁用的；为了允许此键操作，应设定 P0700＝1 0FF2：按此键两次（或一次，但时间较长）电动机将在惯性作用下自由停止。此功能总是“使能”的
⟷	改变电动机的转动方向	按此键可以改变电动机的转动方向。电动机的反向用负号（—）表示或用闪烁的小数点表示。默认值运行时此键是禁用的，为了使此键的操作有效，应设定 P0700＝1
Jog	电动机点动	在变频器无输出的情况下按此键，将使电动机启动，并按预设定的点动频率运行。释放此键时，变频器停止。如果变频器或电动机正在运行，按此键将不起作用
Fn	功能	此键用于浏览辅助信息。变频器运行过程中，在显示任何一个参数时按下此键并保持不动 2 秒钟，将显示以下参数值： 直流回路电压（用 d 表示，单位：V） 输出电流（A） 输出频率（Hz） 输出电压（用 0 表示，单位：V） 由 P0005 选定的数值〔如果 P0005 选择显示上述参数中的任何一个（3，4 或 5），这里将不再显示〕。连续多次按下此键，将轮流显示以上参数 跳转功能：在显示任何一个参数（r××××或 P××××）时短时间按下此键，将立即跳转到 r0000，如果需要的话，可以接着修改其他的参数。跳转到 r0000 后，按此键将返回原来的显示点
P	访问参数	按此键即可访问参数
↑	增加数值	按此键即可增加面板上显示的参数数值
↓	减少数值	按此键即可减少面板上显示的参数数值

引导问题 4：西门子 MM440 系列变频器如何进行优化？

MM440 快速调试

利用快速调试功能使变频器与实际使用的电动机参数相匹配，并对重要的技术参数进行设定。在快速调试的各个步骤都完成以后，应选定 P3900，如果它置 1，将执行必要的电动机计算，并使其他所有的参数（P0010 = 1 不包括在内）恢复出厂默认设置值。只有在快速调试方式下才进行这一操作。快速调试的操作步骤如表 1 - 11 所示：

表 1 - 11　快速调试步骤

步骤	参数号及说明	参数设置值及说明
1	P0003：选择访问级	1，第 1 访问级
2	P0010：变频器工作方式的选择	1，快速调试
3	P0100：本参数用于确定功率设定值的单位“kW”还是“Hp”以及电动机铭牌的额定频率。	0，功率单位为 kW；f，的缺省值为 50 Hz
4	P0304：电动机的额定电压	根据电动机的铭牌键入的电动机的额定电压（380 V）
5	P0305：电动机的额定电流	根据电动机的铭牌键入的电动机的额定电流（0.2 A）
6	P0307：电动机的额定功率	根据电动机的铭牌键入的电动机的额定功率（0.75 kW）
7	P0310：电动机的额定频率	根据电动机的铭牌键入的电动机的额定频率（50 Hz）
8	P0311：电动机的额定速度	根据铭牌键入的电动机的额定速度（1 500 RPM）
9	P0700：选择命令源	BOP 基本操作面板（设置 1）
10	P1000：选择频率设定值	用 BOP 控制频率的升降↑↓（设置 1）
11	P1080：电动机最小频率	键入电动机的最低频率（0 Hz）

续 表

步骤	参数号及说明	参数设置值及说明
12	P1082：电动机最大频率	最大频率（键入电动机的最高频率，50 Hz）
13	P1120：斜坡上升时间	电动机从静止加速到最大电动机频率所需的时间 5 s
14	P1121：斜坡下降的时间	电动机从其最大频率减速到静止所需的时间 3 s
15	P3900：结束快速调试	1，结束快速调试，进行电动机计算和复位为工厂缺省设置值（推荐的方式）

引导问题 5：完成 MM440 变频器的复位、优化后，根据改造要求该如何调试变频器？

教学活动五　施工项目验收

学习目标

能正确填写任务单的验收项目，并交付验收。

学习场地

教室

学习课时

4 课时

学习过程

对任务联系单进行填写，培养交付验收过程中进行有效沟通的能力。

引导问题：完成施工后，对照自己的成果进行直观检查，完成“自检”部分内容，同时由老师安排其他同学（同组或别组同学）进行“互检”，并填写（表 1 – 12）：

表 1 – 12　“自检”与“互检”表

项目	自检		互检	
	合格	不合格	合格	不合格
电动机的选择				
变频器的选择				
布线是否合理				
是否满足改造要求				
清理现场				
沟通能力				
团结协作				

教学活动六　工作总结与评价

学习目标

1. 能以小组形式，正确规范地撰写关于学习过程和实训成果的总结并汇报。
2. 能采用多种形式展示成果。
3. 完成对学习过程的综合评价。

学习场地

教室

学习课时

4 课时

学习过程

同学们以小组为单位，选择演示文稿、展板、海报、录像等形式向全班展示学习成果。

引导问题 1：请你简要叙述在地下车库排风机变频控制工作中学到了什么知识（专业技能和技能之外的能力）？

引导问题 2：讨论总结小组在检修工作过程中还存在哪些问题，是什么原因导致的，如何改进，完成表 1－13。

表 1－13　学习过程经典问题记录表

序号	经典问题	问题原因	解决方法

引导问题3：对本次任务完成情况做出个人总结并完成综合评价（表1－14）。

表1－14　个人总结与综合评价

评价项目	评价内容	评价标准	评价方式		
			自我评价	小组评价	教师评价
职业素养	安全意识责任意识	A 作风严谨、自觉遵章守纪、出色地完成工作任务 B 能够遵守规章制度、较好地完成工作任务 C 遵守规章制度、没完成工作任务，或虽完成工作任务但未严格遵守规章制度 D 不遵守规章制度、没完成工作任务			
	学习态度	A 积极参与教学活动，全勤 B 缺勤达本任务总学时的10% C 缺勤达本任务总学时的20% D 缺勤达本任务总学时的30%			
	团队合作意识	A 与同学协作融洽、团队合作意识强 B 与同学能沟通、协同工作能力较强 C 与同学能沟通、协同工作能力一般 D 与同学沟通困难、协同工作能力较差			
专业能力	学习活动1、2明确工作任务和勘察施工现场	A 按时、完整地完成工作页，问题回答正确，数据记录准确完整 B 按时、完整地完成工作页，问题回答基本正确，数据记录基本准确 C 未能按时完成工作页，或内容遗漏、错误较多 D 未完成工作页			
	学习活动3施工前的准备	A 学习活动评价成绩为90～100分 B 学习活动评价成绩为75～89分 C 学习活动评价成绩为60～74分 D 学习活动评价成绩为0～59分			
	学习活动4现场施工	A 学习活动评价成绩为90～100分 B 学习活动评价成绩为75～89分 C 学习活动评价成绩为60～74分 D 学习活动评价成绩为0～59分			
	学习活动5施工项目验收	A 学习活动评价成绩为90～100分 B 学习活动评价成绩为75～89分 C 学习活动评价成绩为60～74分 D 学习活动评价成绩为0～59分			
创新能力		学习过程中提出具有创新性、可行性的建议	加分奖励：		
学生姓名			综合评价等级		
指导老师			日期		

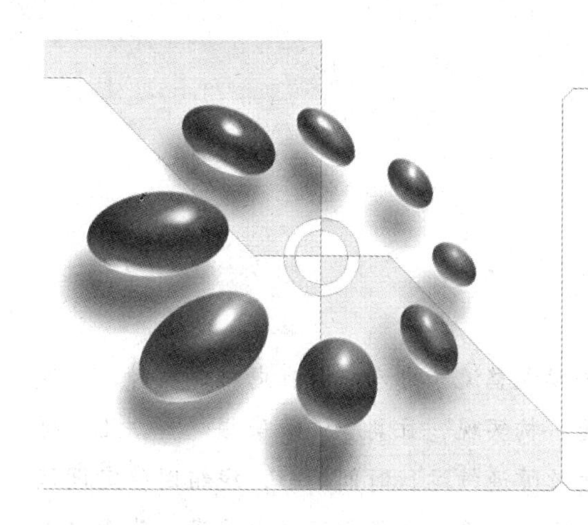

学习任务二 离心机电气系统变频改造

学习目标

1. 能阅读工作任务联系单，明确项目任务、工时、工作内容，服从工作安排。

2. 能准确描述施工现场特征。

3. 能到现场采集离心式电动机控制系统的技术资料。

4. 能根据离心机电气系统的电气原理图和工艺要求，绘制出改造电路图，并列出主要设置参数。

5. 能根据电动机正确选择变频器。

6. 能根据勘察结果，列举出所需工具和材料清单，并制订工作计划。

7. 能正确设置工作现场必要的安全标识和隔离措施。

8. 能按图纸、工艺要求、安全规程要求安装接线。

9. 能根据任务要求，正确设置变频器参数。

10. 能在作业完毕后清点、整理工具，收集剩余材料，清理工程垃圾，拆除防护措施。

11. 能正确填写任务单的验收项目，并交付验收。

12. 能以小组形式，正确规范撰写关于学习过程和实训成果的总结并汇报。

13. 能采用多种形式进行成果展示，完成对学习过程的综合评价。

建议课时

24 课时

工作流程与活动

教学活动 1：明确工作任务

教学活动 2：勘察施工现场

教学活动 3：施工前的准备

教学活动 4：现场施工

教学活动 5：施工项目验收

教学活动 6：工作总结与评价

工作情景描述

某水泥电杆厂的电杆成型离心机采用三相并励式整流子电动机，在电杆成型时，速度的变换是靠操作者手工调动整流子电动机的变速机构实现，且其整流子磨损严重，几乎每月都须对整流子和碳刷进行研磨和更换，平均无故障连续运行时间缩短，绕组因整定调试不好也易烧坏，不能保证严格执行工艺流程和标准，给产品质量留下很大隐患。基于以上原因，厂家委托某电气安装公司对电杆厂机组采用普通三相鼠笼型感应电动机配用变频器进行调速系统改造，电气安装公司接受该项工程并委派我系维修电工人员前往厂家，完成该项工程。

教学活动一　明确工作任务

学习目标

1. 能阅读工作任务联系单，明确项目任务、工时、工作内容，服从工作安排。

学习场地

教室

学习课时

4 课时

学习过程

请认真阅读工作情景描述，查阅相关资料，依据教师的故障现象描述或现场观察，组织语言自行填写工作任务联系单（见表 2－1）。

表 2－1　工作任务联系单

<table>
<tr><td colspan="6">报修记录</td></tr>
<tr><td>报修部门</td><td></td><td>报修人</td><td></td><td>联系电话</td><td></td></tr>
<tr><td>报修级别</td><td colspan="2">特急□　急□　一般□</td><td>计划完工时间</td><td colspan="2">年　　月　　日以前</td></tr>
<tr><td>故障设备</td><td></td><td>设备编号</td><td></td><td>报修时间</td><td></td></tr>
<tr><td>故障状况</td><td colspan="5"></td></tr>
<tr><td>客户要求</td><td colspan="5"></td></tr>
</table>

续表

<table>
<tr><td colspan="5">维修记录</td></tr>
<tr><td colspan="2">接单人及时间</td><td></td><td>预定完工时间</td><td></td></tr>
<tr><td colspan="2">派工</td><td></td><td></td><td></td></tr>
<tr><td colspan="2">故障原因</td><td colspan="3"></td></tr>
<tr><td colspan="2">维修类别</td><td>小修□</td><td>中修□</td><td>大修□</td></tr>
<tr><td colspan="2">维修情况</td><td colspan="3"></td></tr>
<tr><td colspan="2">维修起止时间</td><td></td><td>工时总计</td><td></td></tr>
<tr><td colspan="2">维修人员建议</td><td colspan="3"></td></tr>
<tr><td colspan="5">验收记录</td></tr>
<tr><td rowspan="2">验收项目</td><td>维修开始时间</td><td></td><td>完工时间</td><td></td></tr>
<tr><td colspan="4">维修人员工作态度是否端正：是 □　否□
本次维修是否已解决问题：是 □　否 □
是否按时完成：是 □　否 □
客户评价：非常满意□　基本满意□　不满意□
客户意见及建议：

验收人：　　日期：</td></tr>
</table>

引导问题1：阅读工作任务联系单，说出本次任务的工作内容、时间要求及交接工作的相关责任人，并根据实际情况补充完整。

引导问题 2：离心式电动机的安装和调试在什么地点进行？应该与谁联系？

引导问题 3：查阅相关资料，简述三相鼠笼型感应电动机的工作原理。

引导问题 4：查阅资料，简述离心机的种类有哪些。

引导问题 5：在填写完工作任务联系单后你是否有信心完成此工作？要完成此工作你认为还欠缺哪些知识和技能？

教学活动二　勘察施工现场

学习目标

1. 能准确描述施工现场特征。

2. 能到现场采集离心式电动机控制系统的技术资料。

3. 能根据离心机电气系统的电气原理图和工艺要求，绘制出改造电路图，并列出主要设置参数。

学习场地

施工现场

学习课时

4 课时

学习过程

请通过勘察现场、查阅相关资料回答下列问题。

引导问题 1：描述施工现场特征。

引导问题 2：叙述电杆成型过程中离心机的工作过程。

离心机的工作过程

在电杆成型过程中，当电动机带动钢模旋转产生的离心力等于或稍大于混凝土的自重力时，混凝土就能克服自重力的影响，远离旋转中心，产生沉降分布于杆模四周而不塌落。当速度继续升高时，离心力使混凝土混合物中的各种材料颗粒沿离心力的方向挤向杆壁四周，达到均匀密实成型。其工艺步骤分为三步：

慢速阶段 2 ~3 min，使混凝土分布钢模内壁四周而不塌落。

中速阶段 0.5 ~1 min，防止离心过程混凝土结构受到破坏，这是从低速到高速的一个短时过渡阶段。

高速阶段 6 ~15 min，将混凝土沿离心力方向挤向内模壁四周，达到均匀密实成型，并排除多余水分。各阶段的运行速度和运行时间视不同规格和型号的电杆而有所不同，其运行速度如图 2 –1 所示：

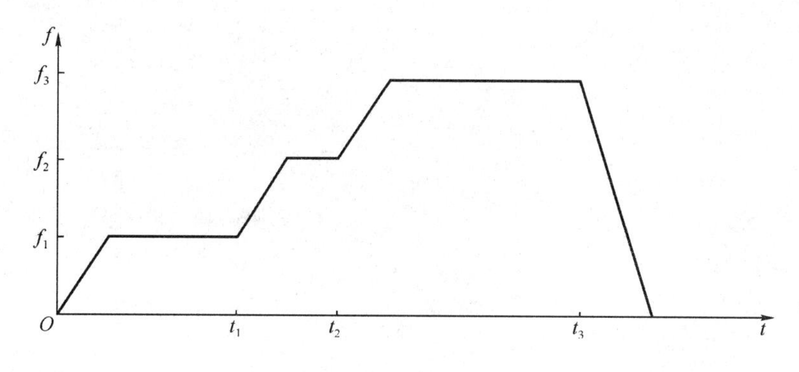

图 2 –1　离心机运行速度图

引导问题 3：根据现场勘察情况，简述改造前系统的缺点。

引导问题 4：根据情景描述，简述系统改造后的预期效果。

引导问题 5：请小组长将各成员分析的工作原理进行汇总，讨论、并展示学习成果。

教学活动三　施工前的准备

学习目标

1. 能根据电动机正确选择变频器。
2. 能根据勘察结果，列举出所需工具和材料清单，并制订工作计划。

学习场地

教室

学习课时

4 课时

学习过程

查阅相关资料，回答下列问题，为施工做好准备。

引导问题 1：根据勘察现场情况，选择本变频调速系统中的电动机、变频器。

小词典

交流电动机的选型

原整流子电动机的功率为 40 kW，速度变化范围为 160 ~ 1 400 r/min。按离心机负载最大静态阻转矩 T，离心机的最高旋转速度 n，传动装置的效率 η，根据下式计算：

$$P = \frac{T \cdot n}{975 \cdot \eta}$$

选用 Y225S -4，37 kW（额定电流：69.9 A，额定电压：380 V，额定转速：1 480 r/min，功率因数：0.87）三相交流感应电动机可满足工作要求。

变频器的选用

变频器的选用应满足以下规则：变频器的容量应大于负载所需的输出，变频器的电流大于电动机的电流。因电动机的计算功率小于所选用功率，根据变频器容量的选择方法计算得，可选用37 kW，额定电流75 A的变频器。考虑到改进设计方案的可行性，调试系统稳定性及性价比，采用西门子MM440，额定电流75 A的通用变频器。该变频器采用高性能矢量控制技术，提供低速高转矩输出和良好的动态特性，同时具备超强的过载能力，可以控制电动机从静止到平滑启动期间提供3 s、200%的过载能力。

引导问题2：根据电气原理图，分析的工作原理。

小词典

变频调速系统的电气原理

调速系统电路图如图2－2所示。为保证生产工艺标准的统一，电动机在低、中、高速段的速度采用变频器设定的固定频率，按时间控制原则由外接时间继电器控制转速的切换。另外，为防止由于模具差异在运行中出现跳动而带来的影响和对转速调整的要求，系统用模拟量输入作为附加给定，与固定频率设定相叠加，以满足不同型号模具特殊要求。

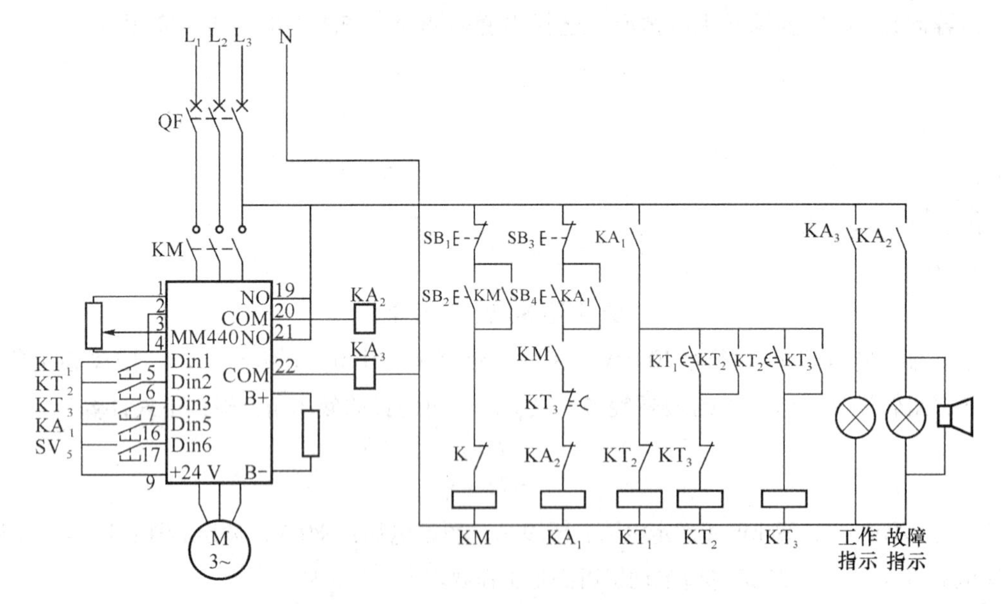

图2－2 离心机变频调速系统电气原理图

图2－2中，制动电阻的热敏开关K与接触器KM线圈串联，当制动电阻过热时，热敏开关K断开，使接触器KM线圈失电，切断变频器电源。当按下启动按钮SB_4后，变频

器按照时间继电器 KT_1、KT_2、KT_3 的整定时间依次切换，控制电动机进入低、中、高速运行，工艺流程执行完毕后自动停止，等待下一次运行。变频器工作中若发生故障，由 KA_2 输出故障信号，并使电动机停转；变频器正常工作时由 KA_3 给出工作指示。由于系统采用的是无速度反馈的矢量控制方式，在这种方式下，用固有的滑差补偿对电动机的速度进行控制，可以得到大的转矩，改善瞬态响应特性，具有优良的速度稳定性，而且在低频时可以提高电动机的转矩。

本系统经试运行表明，采用变频调速系统的离心机，与整流子电动机拖动的离心机相比，提高了系统运行的平稳性、工作的可靠性、操作与维护的方便性；采用时间整定和运行速度设定的方法，使电杆成型的工艺流程与标准得以实施，避免了原手动调速的不安全性和随机性，提高了产品质量；整流子电动机在最佳运行曲线时的电流和采用变频器调速时额定电流相比，后者可节电 12%，给企业带来较大的经济效益。

引导问题 3：根据任务要求和施工图纸，编写本改造工程的施工计划。

引导问题 4：请列举所要用的工具、材料清单，并进行人员分工。

1. 人员分工（表 2-2）。

表 2-2　人员分工表

姓名	工作任务	备注

2. 工具及材料清单（表 2－3）。

表 2－3 工具及材料清单表

序号	工具或材料名称	单位	数量	备注

教学活动四　现场施工

学习目标

1. 能正确设置工作现场必要的安全标识和隔离措施。
2. 能按图纸、工艺要求、安全规程要求安装接线。
3. 能根据任务要求，正确设置变频器参数。
4. 能在作业完毕后清点、整理工具，收集剩余材料，清理工程垃圾，拆除防护措施。

学习场地

教室

学习课时

4 课时

学习过程

通过前面勘察现场与施工准备，已经确定改造（大修）方案，请阅读图纸、工艺要求、安全规程要求安装接线，设置变频器参数，调试系统直至完成控制要求。

引导问题 1：现场需要采取哪些安全隔离措施？

引导问题 2：变频器外围设备主要有哪些？简述本系统所采用的制动电阻的型号及作用。

小词典

外围设备配置

1. 外围设备配置

变频器的外围设备主要包括如图 2－3 所示的几种类型，该图是一个示意图，它以变频器为中心，给出了所有类型的周边设备，在实际应用过程中，用户可以根据需要合理选

择周边设备的种类及容量。

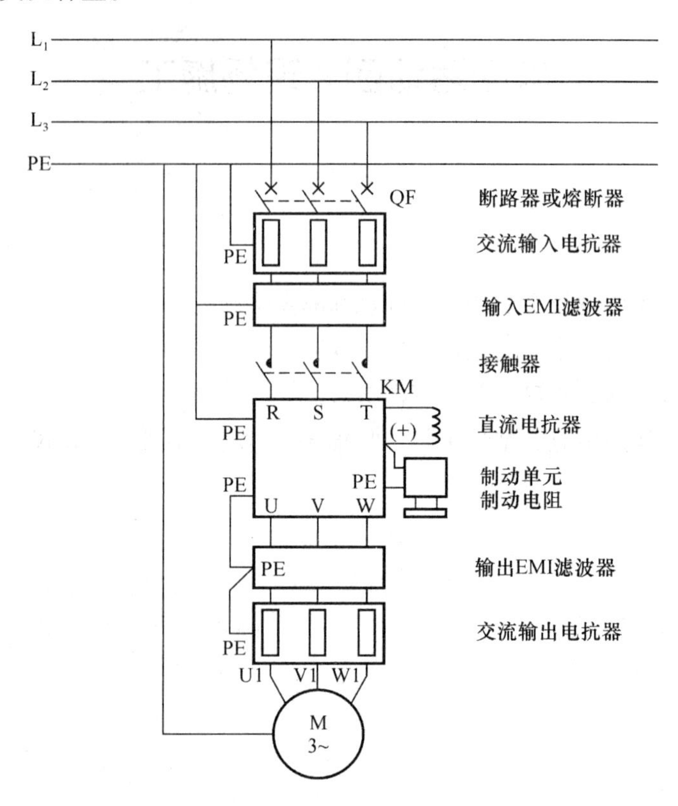

图 2-3　典型变频器外围设备配置图

2. 变频器外围设备的功能

变频器主要外围设备的功能表（表 2-4）：

表 2-4　变频器主要外围设备的功能表

设备	功能	备注
断路器或熔断器	1. 电源的开闭 2. 防止发生过载和短路时的大电流烧毁设备	不能用断路器、熔断器来控制变频器的启/停
交流输入电抗器	1. 与电源的匹配 2. 改善变频器输入侧的功率因数 3. 降低高次谐波对其他设备的影响	—
输入 EMI 滤波器	降低从变频器电源线发出的高频噪声，干扰电源一侧	—

续表

设备	功能	备注
接触器	1. 当变频器跳闸时将变频器的电源切断 2. 使用制动电阻器的情况下发生短路时将变频器的电源切断	不能用接触器来控制变频器的上下电
直流电抗器	防止电源对变频器的影响，保护变频器和抑制高次谐波	下列情形应配置直流电抗器： 1. 给变频器供电的同一电源节点上有开关式无功补偿电容器或带有晶闸管相控负载时 2. 当变频器供电的三相电源不平衡度超过3%时 3. 当要求提高变频器输入端的功率因数到0.93时 4. 当变频器供电电源的变压器容量大于550 kV·A时
制动单元	外接制动单元（22 kW及以上功率等级）增大制动力矩	—
制动电阻	制动电阻（15 kW及以下功率等级）频繁停止和大惯量负载提高制动力使用	—
输出侧EMI滤波器	抑制变频器输出侧产生的干扰噪声和导线漏电流	—
交流输出电抗器	降低电动机的电磁噪声	当变频器到电动机的配线超过20 m时，应配置交流输出电抗器

3. 变频器与选配设备连接应注意的问题

（1）在电网和变频器之间，必须安装隔离开关等明显分断装置，确保设备维修时的人身安全。

（2）变频器前必须安装具有过流保护作用的断路器或熔断器，避免因后级设备故障造成故障范围扩大。

（3）接触器用于供电控制时，不要用接触器来控制变频器上下电。

（4）当电网三相电源的电压不平衡度超过3%时，或波形畸变严重，变频器和电源之间高次谐波不能满足要求时，可增设交流输入电抗器。

（5）当变频器到电动机的连线超过80 m时，建议采用多股线并安装可抑制高频振荡的交流输出电抗器。

（6）输入（输出）EMI滤波器的安装应尽可能靠近变频器。

当负载为大惯性负载，在停车时，为防止因惯性而产生的回馈制动使泵升电压过高的现象，加入制动电阻，斜坡下降时间设定长一些。外接制动电阻的阻值和功率可按下式计算：

$$R \geqq (0.3 \sim 0.5) U_d^2/P \quad P \geqq (0.3 \sim 0.5) U_d^2/R$$

式中，U_d 为变频器直流侧电压，I_N 为变频器的额定电流。

本系统采用西门子与 37 kW 电动机配套的制动电阻 4BD22 - 2EAO，1.5 Ω，2.2 kW。

引导问题 3：查阅相关工艺要求规程、安全规程，结合施工图纸安装接线。

小词典

施工现场注意事项

（1）进入施工现场人员必须戴好安全帽，悬空及高空作业人员必须佩戴安全带。

（2）施工过程中，施工人员必须认真做好每天施工完成后的落手清洁工作，做到工完、料净、场地清。

（3）因违规操作给他人的财产造成损失的，按全价赔偿。

（4）采取有效措施控制施工现场的各种粉尘、废气、废水、固体废弃物以及噪声、振动对环境的污染和危害。

施工安全注意事项

（1）施工人员应经过必要的业务培训，有专业上岗证后方可上岗操作，并应掌握应知应会的施工安全技术，施工前应穿戴好工作服，方可施工操作。

（2）施工现场严禁烟火，有相应的防火措施，配备必需的灭火设备等消防器材，施工现场不准混放易燃、易爆物品。

（3）操作人员必须佩戴安全带，在有高低跨或立体交叉作业时，必须戴安全帽。

（4）穿拖鞋、高跟鞋、赤脚或者赤膊不准进入施工现场。

（5）酒后不准上班操作。

（6）未经有关人员批准不得任意拆除安全设施和安装装置。

（7）在施工中，有关安全技术，如高空作业、垂直运输、卫生防护等应严格按照国务院颁发的《建筑安全工程技术规程》和国家其他有关专门规定执行。

引导问题4：设置变频器参数，调试离心机控制系统（见表2－5）。

表2－5　变频器的各项参数设置

参数号	参数值	说明
P0100	0	欧洲/北美设定选择
P0300	1	电动机类型选择（异步电动机）
P0304	380	电动机额定电压
P0305	69.9	电动机额定电流
P0307	37	电动机额定功率
P0308	0.87	电动机额定功率因数
P0309	0.925	电动机额定效率
P0310	50	电动机额定频率
P0311	1 480	电动机额定转速
P0700	2	变频器通过数字量控制
P1000	23	变频器频率设定值来源于固定频率和模拟量叠加
P1080	0	电动机运行的最小频率
P1082	45	电动机运行的最大频率
P1120	5	斜坡上升时间
P1121	20	斜坡下降时间
P1060	5	点动斜坡上升时间
P1061	5	点动斜坡下降时间
P1300	20	变频器的运行方式为无速度反馈的矢量控制
P0701	16	Din1 选择固定频率1运行
P0702	16	Din2 选择固定频率2运行
P0703	16	Din3 选择固定频率3运行
P0705	1	Din5 控制变频器的启/停
P0706	10	Din6 正向点动
P1001	20	固定频率1，20 Hz
P1002	30	固定频率2，30 Hz
P1003	40	固定频率3，40 Hz
P1058	10	正向点动频率，10 Hz
P0731	52.3	变频器故障指示
P3900	3	快速调试

变频器的三段速频率控制

要求：

（1）利用 MM440 变频器控制实现电动机三段速频率运转。

（2）DIN3 端口设为电动机启停控制。

（3）DIN1 和 DIN2 端口设为频率输入选择。

（4）三段速度设置如下：

第一段，输出频率为 20 Hz；第二段，输出频率为 30 Hz；第三段，输出频率为 50 Hz。

1. 变频器的三段速频率控制电气原理图（图 2－4）

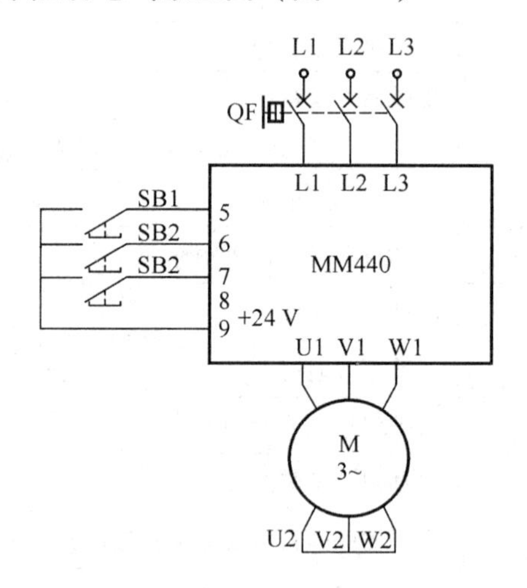

图 2－4　变频器的三段速频率控制电气原理图

2. 参数设置（表 2－6）

表 2－6　三段固定频率控制参数表

参数号	出厂值	设置值	说明
P0003	1	1	设置用户访问级为标准级
P0004	0	7	命令和数字 I/O
P0700	2	2	命令源选择由端子排输入
P0003	1	2	设置用户访问级为扩展级
P0701	1	17	选择固定频率
P0702	1	17	选择固定频率

续表

参数号	出厂值	设置值	说明
P0703	1	1	ON 接通正转，OFF 接通停止
P0004	0	10	设置定值通道和斜坡函数发生器
P1000	2	3	选择固定频率设定值
P1001	0	20	设置固定频率 1（Hz）
P1002	5	30	设置固定频率 2（Hz）
P1003	10	50	设置固定频率 3（Hz）

注：

① MM440 变频器的 6 个数字输入端口（DIN1 ~ DIN6），可以通过 P0701 ~ P0706 设置实现多频段控制。

② 每一频段的频率可分别由 P1001 ~ P1015 设置，最多可实现 15 段频率控制。

③ 在多段频率控制中，电动机的转速方向是由 P1001 ~ P1015 参数所设置的频率正负决定的。

④ 6 个数字输入端口，哪个作为电动机运行、停止控制，哪个作为多段频率控制，是可以由用户任意确定的。

⑤ 一旦确定了某一数字输入端口的控制功能，其内部参数的设置值必须与端口的控制功能相对应。

3. 多功能端子组合情况（见表 2 -7）

表 2 -7　多功能端子组合情况

		DIN3	DIN2	DIN1
	OFF	0	0	0
P1001	FF1	0	0	1
P1002	FF2	0	1	0
P1003	FF3	0	1	1
P1004	FF4	1	0	0
P1005	FF5	1	0	1
P1006	FF6	1	1	0
P1007	FF7	1	1	1

教学活动五　施工项目验收

学习目标

能正确填写任务单的验收项目，并交付验收。

学习场地

教室

学习课时

4 课时

学习过程

对任务联系单进行填写，培养交付验收过程中进行有效沟通的能力。

引导问题 1：本系统改造后，性能如何？

引导问题 2：系统改造后，运行过程可能会出现一些“共振”现象，如何解决？

小词典

频率跳转

1. 变频器外部接线图（图2－5）

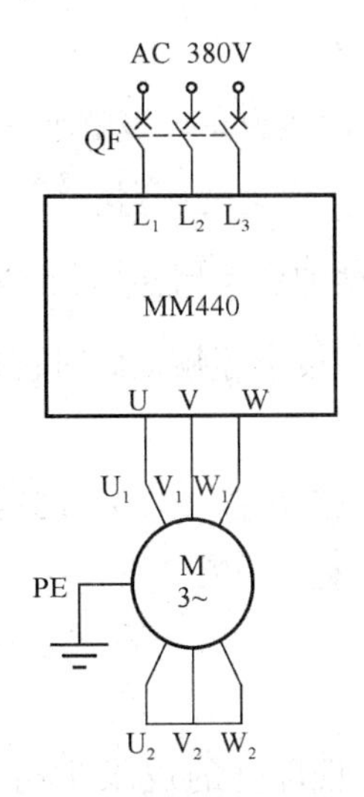

图2－5 变频器外部接线图

2. 参数功能表（表2－8）

表2－8 参数功能表

参数号	出厂值	设置值	说明
P0304	400	380	电动机额定电压（V）
P0305	3. 25	0. 35	电动机额定电流（A）
P0307	1. 5	0. 075	电动机额定功率（kW）
P0310	50	50	电动机额定频率（Hz）
P0311	1 425	1 500	电动机额定转速（r/min）
P0700	2	1	选择命令源（BOP）
P1000	2	1	选择频率源（BOP）
P1080	0	0	最小频率（Hz）
P1082	50	50	最大频率（Hz）
P1120	10	5	斜坡上升时间（s）
P1121	10	5	斜坡下降时间（s）
P1091	0	10	跳转频率（Hz）
P1101	2	20	跳转频率的频带宽度

注：

① 设置参数前先将变频器参数复位为工厂默认值

② 设置电动机参数前将 P0010 = 1（快速调试），设置结束后将 P0010 = 0（准备运行）

3. 变频器运行操作

（1）按照接线图接线，认真检查。

（2）打开电源开关，按照参数功能表正确设置变频器参数。

（3）按下操作面板启动按钮(Ⅰ)，启动变频器。

（4）按下操作面板按钮(▲)，增加变频器输出频率，观察频率的跳转。

当频率上升到 10 Hz 时，会有一按小停顿，此时再按(▲)按钮 5 s 左右，变频器将会快速地跳过 10 ~ 30 Hz 段的频率。

（5）改变 P1091，P1101 的值，重复步骤（3）~（5），观察频率跳转过程的变化情况。

引导问题 3：完成施工后，对照自己的成果进行直观检查，完成“自检”部分内容，同时由老师安排其他同学（同组或别组同学）进行“互检”，并填写表 2 - 9：

表 2 - 9　自检与互检表

项目	自检		互检	
	合格	不合格	合格	不合格
电动机的选择				
变频器的选择				
布线是否合理				
是否满足改造要求				
清理现场				
沟通能力				
团结协作				

教学活动六　工作总结与评价

学习目标

1. 能以小组形式，正确规范撰写关于学习过程和实训成果的总结并汇报。
2. 能采用多种形式展示成果。
3. 完成对学习过程的综合评价。

学习场地

教室

学习课时

4 课时

学习过程

同学们以小组为单位，选择演示文稿、展板、海报、录像等形式向全班展示学习成果。

引导问题 1：请你简要叙述在离心机电气系统变频改造工作中学到了什么知识。

引导问题 2：讨论总结小组在检修工作过程中还存在哪些问题，是什么原因导致的，如何改进。完成表 2－10。

表 2－10　学习过程经典问题记录表

序号	经典问题	问题原因	解决方法

引导问题 3：对本次任务完成情况做出个人总结并完成综合评价（表 2－11）。

表 2－11　个人总结与综合评价

评价项目	评价内容	评价标准	评价方式		
			自我评价	小组评价	教师评价
职业素养	安全意识 责任意识	A 作风严谨、自觉遵章守纪、出色地完成工作任务 B 能够遵守规章制度、较好地完成工作任务 C 遵守规章制度、没完成工作任务，或虽完成工作任务但未严格遵守规章制度 D 不遵守规章制度、没完成工作任务			
	学习态度	A 积极参与教学活动，全勤 B 缺勤达本任务总学时的 10% C 缺勤达本任务总学时的 20% D 缺勤达本任务总学时的 30%			
	团队合作意识	A 与同学协作融洽、团队合作意识强 B 与同学能沟通、协同工作能力较强 C 与同学能沟通、协同工作能力一般 D 与同学沟通困难、协同工作能力较差			
专业能力	学习活动 1、2 明确工作任务和勘察施工现场	A 按时、完整地完成工作页，问题回答正确，数据记录准确完整 B 按时、完整地完成工作页，问题回答基本正确，数据记录基本准确 C 未能按时完成工作页，或内容遗漏、错误较多 D 未完成工作页			
	学习活动 3 施工前的准备	A 学习活动评价成绩为 90～100 分 B 学习活动评价成绩为 75～89 分 C 学习活动评价成绩为 60～74 分 D 学习活动评价成绩为 0～59 分			
	学习活动 4 现场施工	A 学习活动评价成绩为 90～100 分 B 学习活动评价成绩为 75～89 分 C 学习活动评价成绩为 60～74 分 D 学习活动评价成绩为 0～59 分			
	学习活动 5 施工项目验收	A 学习活动评价成绩为 90～100 分 B 学习活动评价成绩为 75～89 分 C 学习活动评价成绩为 60～74 分 D 学习活动评价成绩为 0～59 分			
创新能力		学习过程中提出具有创新性、可行性的建议	加分奖励：		
学生姓名			综合评价等级		
指导老师			日期		

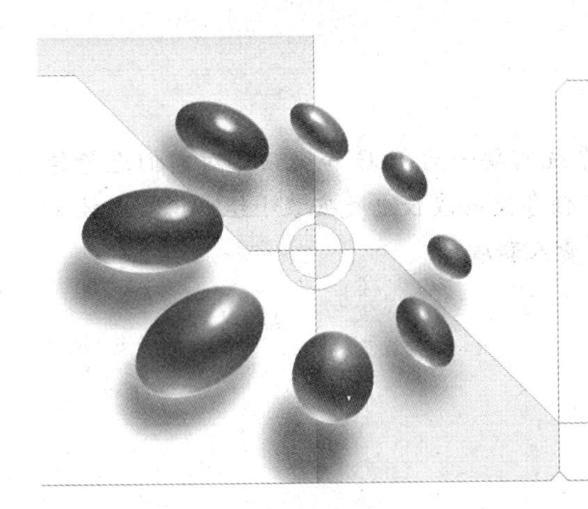

学习任务三

传送带运输机电气系统的安装与调试

学习目标

1. 能阅读工作任务联系单，明确项目任务、工时、工作内容，服从工作安排。

2. 能准确描述施工现场特征。

3. 熟悉变频器和PLC的型号，能正确选用变频器、PLC及外围设备，了解变频器、PLC的工作原理及软件、硬件的工作环境。

4. 能到现场采集传送带运输机的技术资料，根据传送带运输机的电气原理图和工艺要求绘制主电路及变频器、PLC的接线图，确定I/O分配表。

5. 能进行传送带运输机的参数和程序设计，并写出变频器参数表，绘制PLC梯形图。

6. 能按图纸、工艺要求、安全规程要求安装接线。

7. 能正确填写任务单的验收项目，并交付验收。

8. 能以小组形式，正确规范撰写关于学习过程和实训成果的总结并汇报。

9. 能采用多种形式展示成果。

建议课时

36课时

工作流程与活动

教学活动1：明确工作任务

教学活动2：勘察施工现场

教学活动3：施工前的准备

教学活动4：现场施工

教学活动5：施工项目验收

教学活动6：工作总结与评价

工作情景描述

某矿泉水厂的自动化生产线上传送（带）系统需要一台PLC和变频器对它们进行传送控制，现总工程师将PLC主机和变频器的安装任务交给我校电气安装小组，请按照控制要求，设计安装方案并施工，完成后交付项目负责人验收。

教学活动一　明确工作任务

学习目标

1. 能认真阅读工作任务联系单，明确项目任务。
2. 能够明确完成工作内容所需的时间，服从工作安排。

学习场地

教室

学习课时

4 课时

学习过程

请认真阅读工作情景描述，查阅相关资料，依据客户的安装要求进行现场观察和描述，组织语言自行填写工作任务联系单（见表 3－1）。

表 3－1　工作任务联系单

安装记录					
安装部门		安装人		联系电话	
安装级别	特急□　急□　一般□		计划完工时间	年　月　日以前	
所需设备		设备编号		安装时间	
安装状况					
客户要求					

续表

<table>
<tr><td colspan="6">安装记录</td></tr>
<tr><td>接单人及时间</td><td colspan="2"></td><td>预定完工时间</td><td colspan="2"></td></tr>
<tr><td>派工</td><td></td><td></td><td></td><td colspan="2"></td></tr>
<tr><td>安装要求</td><td colspan="5"></td></tr>
<tr><td>安装情况</td><td colspan="5"></td></tr>
<tr><td>安装起止时间</td><td colspan="2"></td><td>工时总计</td><td colspan="2"></td></tr>
<tr><td>安装人员建议</td><td colspan="5"></td></tr>
<tr><td colspan="6">验收记录</td></tr>
<tr><td rowspan="2">验收项目</td><td>安装开始时间</td><td></td><td>完工时间</td><td colspan="2"></td></tr>
<tr><td colspan="5">安装人员工作态度是否端正：是 □　否□
本次安装是否已解决问题：是 □　否 □
是否按时完成：是 □　否 □
客户评价：非常满意□　基本满意□　不满意□
客户意见及建议：

验收人：　　　日期：</td></tr>
</table>

引导问题1：工作任务联系单中安装记录部分由谁填写？该部分的主要内容是什么？

引导问题 2：工作任务联系单中验收项目部分应该由谁填写？该部分的主要内容是什么？

引导问题 3：在填写完工作任务联系单后你是否有信心完成此工作？要完成此工作你认为还欠缺哪些知识和技能？

教学活动二　勘察施工现场

学习目标

1. 能准确描述施工现场特征。
2. 能正确分析传送（带）系统所需要电气设备的供电方式、作用、控制方式。

学习场地

施工现场

学习课时

4 课时

学习过程

请通过勘察现场、查阅相关资料回答下列问题。

引导问题 1：描述需要安装传送（带）电气系统的施工现场特征。

引导问题 2：描述传送（带）系统所需要的电气设备的供电方式、作用、控制方式。

引导问题 3：确定电传送（带）系统所需要的电气设备的型号，查看设备额定参数。

引导问题4：简单描述西门子 S7－200 系列 PLC 的工作原理、供电方式。

可编程逻辑控制器

可编程逻辑控制器（Programmable Logic Controller，简称 PLC），它采用一类可编程的存储器，用于存储程序，执行逻辑运算、顺序控制、定时、计数与算术操作等面向用户的指令，并通过数字或模拟式输入/输出控制各种类型的机械或生产过程。

1. 工作原理

当可编程逻辑控制器投入运行后，其工作过程一般分为三个阶段，即输入采样、用户程序执行和输出刷新三个阶段。完成上述三个阶段称作一个扫描周期。在整个运行期间，可编程逻辑控制器的 CPU 以一定的扫描速度重复执行上述三个阶段。

1）输入采样阶段

在输入采样阶段，可编程逻辑控制器以扫描方式依次读入所有输入状态和数据，并将它们存入 I/O 映象区中的相应的单元内。输入采样结束后，转入用户程序执行和输出刷新阶段。在这两个阶段中，即使输入状态和数据发生变化，I/O 映象区中的相应单元的状态和数据也不会改变。因此，如果输入是脉冲信号，则该脉冲信号的宽度必须大于一个扫描周期，才能保证在任何情况下，该输入均能被读入。

2）用户程序执行阶段

在用户程序执行阶段，可编程逻辑控制器总是按由上而下的顺序依次地扫描用户程序（梯形图）。在扫描每一条梯形图时，又总是先扫描梯形图左边的由各触点构成的控制线路，并按先左后右、先上后下的顺序对由触点构成的控制线路进行逻辑运算，然后根据逻辑运算的结果，刷新该逻辑线圈在系统 RAM 存储区中对应位的状态；或者刷新该输出线圈在 I/O 映象区中对应位的状态；或者确定是否要执行该梯形图所规定的特殊功能指令。

这表明在用户程序执行过程中，只有输入点在 I/O 映象区内的状态和数据不会发生变化，而其他输出点和软设备在 I/O 映象区或系统 RAM 存储区内的状态和数据都有可能发生变化，而且排在上面的梯形图，其程序执行结果会对排在下面的凡是用到这些线圈或数据的梯形图起作用；相反，排在下面的梯形图，其被刷新的逻辑线圈的状态或数据只能到下一个扫描周期才能对排在其上面的程序起作用。

在程序执行的过程中如果使用立即 I/O 指令则可以直接存取 I/O 点。也就是说，使用 I/O 指令的话，输入过程影像寄存器的值不会被更新，程序直接从 I/O 模块取值，输出过程影像寄存器会被立即更新，这跟立即输入有些区别。

3）输出刷新阶段

当扫描用户程序结束后，可编程逻辑控制器就进入输出刷新阶段。在此期间，CPU 按照 I/O 映象区内对应的状态和数据刷新所有的输出锁存电路，再经输出电路驱动相应的外设。这时，才是可编程逻辑控制器的真正输出。

2. PLC 的基本构成

可编程逻辑控制器实质是一种专用于工业控制的计算机，其硬件结构基本上与微型计算机相同。

1）电源

可编程逻辑控制器的电源在整个系统中起着十分重要的作用。如果没有一个良好的、可靠的电源系统是无法正常工作的，因此，可编程逻辑控制器的制造商对电源的设计和制造也十分重视。一般交流电压波动在 +10%（+15%）范围内，可以不采取其他措施而将 PLC 直接连接到交流电网上去 。

2）中央处理单元（CPU）

中央处理单元（CPU）是可编程逻辑控制器的控制中枢。它按照可编程逻辑控制器系统程序赋予的功能接收并存储从编程器键入的用户程序和数据；检查电源、存储器、I/O 以及警戒定时器的状态，并能诊断用户程序中的语法错误。当可编程逻辑控制器投入运行时，首先它以扫描的方式接收现场各输入装置的状态和数据，并分别存入 I/O 映象区，然后从用户程序存储器中逐条读取用户程序，经过命令解释后按指令的规定执行逻辑或算数运算的结果送入 I/O 映象区或数据寄存器内。等所有的用户程序执行完毕之后，最后将 I/O映象区的各输出状态或输出寄存器内的数据传送到相应的输出装置，如此循环运行，直到停止运行。

3）存储器

存放系统软件的存储器称为系统程序存储器。

4）输入输出接口电路

（1）现场输入接口电路由光耦合电路和微机的输入接口电路组成，作用是可编程逻辑控制器与现场控制的接口界面的输入通道。

（2）现场输出接口电路由输出数据寄存器、选通电路和中断请求电路集成，作用是可编程逻辑控制器通过现场输出接口电路向现场的执行部件输出相应的控制信号。

5）功能模块

如计数、定位等功能模块。

6）通信模块

引导问题 5：绘制出传送系统的工作原理图。

引导问题 6：请小组长将各成员分析的工作原理进行汇总、讨论，并展示。

小词典

变频器参数设置必须知道的几个要点

变频器的功能参数有很多，一般都有几十甚至上百个参数选择。实际使用中，没必要对每一个参数都进行设置，大多数只要采用原厂设定值即可。但有些参数由于和实际使用情况有关联，因此要根据实际情况进行设定和调试。

1. 转矩提升

又叫转矩补偿，是为补偿因电动机定子绕组电阻所引起的低速时转矩降低，而把低频率范围 f/U 增大的方法。设定为自动时，可使加速时的电压自动提升以补偿启动转矩，使电动机加速顺利进行。采用手动补偿时，根据负载特性，尤其是负载的启动特性，通过试验可选出较佳曲线。对于变转矩负载，如选择不当会出现低速时的输出电压过高，而浪费电能的现象，甚至还会出现电动机带负载启动时电流大，而转速上不去的现象。

2. 加减速时间

加速时间就是输出频率从 0 上升到最大频率所需时间，减速时间是指从最大频率下降到 0 所需时间。通常用频率设定信号上升、下降来确定加减速时间。在电动机加速时须限制频率的上升率以防止过电流，减速时则限制下降率以防止过电压。

加速时间设定要求：将加速电流限制在变频器过电流容量以下，不使过流失速而引起变频器跳闸。减速时间设定要点是：防止平滑电路电压过大，使再生过压失速而使变频器跳闸。加减速时间可根据负载计算出来，但在调试中常采取按负载和经验先设定较长加减速时间，通过启、停电动机观察有无过电流、过电压报警；然后将加减速设定时间逐渐缩短，以运转中不发生报警为原则，重复操作几次，便可确定出最佳加减速时间。

3. 频率限制

即变频器输出频率的上、下限幅值。频率限制是为防止误操作或外接频率设定信号源出故障，而引起输出频率的过高或过低，以防损坏设备的一种保护功能。在应用中按实际情况设定即可。此功能还可作限速使用，如有的皮带输送机，由于输送物料不太多，为减少机械和皮带的磨损，可采用变频器驱动，并将变频器上限频率设定为某一频率值，这样就可使皮带输送机运行在一个固定、较低的工作速度上。

4. 电子热过载保护

本功能为保护电动机过热而设置，它是变频器内 CPU 根据运转电流值和频率计算出电动机的温升，从而进行过热保护。本功能只适用于“一拖一”场合，而在“一拖多”时，则应在各台电动机上加装热继电器。

电子热保护设定值（%）＝［电动机额定电流（A）/变频器额定输出电流（A）］×100%。

5. 频率设定信号增益

此功能仅在用外部模拟信号设定频率时才有效。它是用来弥补外部设定信号电压与变频器内电压（+10 V）的不一致问题；同时方便模拟设定信号电压的选择。设定时，当模拟输入信号为最大时（如 10 V、5 V 或 20 mA），求出可输出 f/U 图形的频率百分数并以此为参数进行设定即可；如外部设定信号为 0 ~ 5 V 时，若变频器输出频率为 0 ~ 50 Hz，则将增益信号设定为 200% 即可。

6. 偏置频率

又叫偏差频率或频率偏差设定。其用途是当频率由外部模拟信号（电压或电流）进行设定时，可用此功能调整频率设定信号最低时输出频率的高低。有的变频器当频率设定信号为 0% 时，偏差值可作用在 $0 \sim f_{max}$ 范围内，有的变频器（如明电舍、三垦）还可对偏置极性进行设定。如在调试中当频率设定信号为 0% 时，变频器输出频率不为 0 Hz，而为 x Hz，则此时将偏置频率设定为负的 x Hz 即可使变频器输出频率为 0 Hz。

7. 加减速模式选择

又叫加减速曲线选择。一般变频器有线性、非线性和 S 三种曲线，通常大多选择线性曲线；非线性曲线适用于变转矩负载，如风机等；S 曲线适用于恒转矩负载，其加减速变化较为缓慢。设定时可根据负载转矩特性，选择相应曲线，但也有例外，笔者在调试一台锅炉引风机的变频器时，先将加减速曲线选择非线性曲线，一启动运转变频器就跳闸，调整改变许多参数无效果，后改为 S 曲线后就正常了。究其原因是：启动前引风机由于烟道烟气流动而自行转动，且反转而成为负向负载，这样选取了 S 曲线，使刚启动时的频率上升速度较慢，从而避免了变频器跳闸的发生，当然这是针对没有启动直流制动功能的变频器所采用的方法。

8. 转矩限制

可分为驱动转矩限制和制动转矩限制两种。它是根据变频器输出电压和电流值，经 CPU 进行转矩计算，其可对加减速和恒速运行时的冲击负载恢复特性有显著改善。转矩限制功能可实现自动加速和减速控制。加减速时间小于负载惯量时间时，也能保证电动机按照转矩设定值自动加速和减速。

驱动转矩功能提供了强大的启动转矩，在稳态运转时，转矩功能将控制电动机的转差，而将电动机转矩限制在最大设定值内，当负载转矩突然增大时，甚至在加速时间设定过短时，也不会引起变频器跳闸。在加速时间设定过短时，电动机转矩也不会超过最大设定值。驱动转矩大对启动有利，以设置为 80% ~100% 较妥。

制动转矩设定数值越小，其制动力越大，适合急加减速的场合，如制动转矩设定数值设置过大会出现过压报警现象。如制动转矩设定为 0%，可使加到主电容器的再生总量接近于 0，从而使电动机在减速时，不使用制动电阻也能减速至停转而不会跳闸。但在有的负载上，制动转矩设定为 0% 时，减速时会出现短暂空转现象，造成变频器反复启动，电流大幅度波动，严重时会使变频器跳闸，应引起注意。

9. 转矩矢量控制

矢量控制是基于理论上认为：异步电动机与直流电动机具有相同的转矩产生机理。矢量控制方式就是将定子电流分解成规定的磁场电流和转矩电流，分别进行控制，同时将两者合成后的定子电流输出给电动机。因此，从原理上可得到与直流电动机相同的控制性能。采用转矩矢量控制功能，电动机在各种运行条件下都能输出最大转矩，尤其是电动机在低速运行区域。

现在的变频器大部分都采用无反馈矢量控制，由于变频器能根据负载电流大小和相位进行转差补偿，使电动机具有很硬的力学特性，对于多数场合已能满足要求，无须在变频器的外部设置速度反馈电路。这一功能的设定，可根据实际情况在有效和无效中选择一项即可。

与之有关的功能是转差补偿控制，其作用是为补偿由负载波动而引起的速度偏差，可加上对应于负载电流的转差频率。这一功能主要用于定位控制。

10. 节能控制

风机、水泵都属于减转矩负载，即随着转速的下降，负载转矩与转速的平方成比例减小，而具有节能控制功能的变频器设计有专用 U/f 模式，这种模式可改善电动机和变频器的效率，可根据负载电流自动降低变频器输出电压，从而达到节能目的。可根据具体情况设置为有效或无效。

第九与第十这两个参数是很先进的，但有一些用户在设备改造中无法启用这两个参数，即启用后变频器跳闸频繁，停用后一切正常。究其原因有：

（1）原用电动机参数与变频器要求配用的电动机参数相差太大。

（2）对设定参数功能了解不够，如节能控制功能只能用于 U/f 控制方式中，不能用于矢量控制方式中。

（3）启用了矢量控制方式，但没进行电动机参数的手动设定和自动读取工作，或者读取方法不当。

教学活动三　施工前的准备

学习目标

1. 能正确识别西门子 MM440 系列变频器。
2. 能分析 PLC 外围接线原理。
3. 能根据勘察结果，列举所需工具和材料清单，制订工作计划。

学习场地

教室

学习课时

12 课时

学习过程

查阅相关资料，回答下列问题，为施工做好准备。

引导问题 1：你安装过哪些电气设备电路？它们的安装步骤你能总结出流程吗？

引导问题 2：本次任务需要用变频器和 PLC 对传送带控制线路进行改造安装，请查阅资料并简要叙述为什么要使用 PLC 和变频器。

引导问题 3：在这个工程中，PLC 和变频器的安装接线有哪些注意事项？

PLC 的安装

1. 安装环境

为保证可编程控制器工作的可靠性，尽可能地延长其使用寿命，在安装时一定要注意周围的环境，其安装场合应该满足以下几点：

（1）环境温度在 0℃ ~55℃ 范围内。

（2）环境相对湿度应在 35% ~ 85% 范围内。

（3）周围无易燃和腐蚀性气体。

（4）周围无过量的灰尘和金属微粒。

（5）避免过度的震动和冲击。

（6）不能受太阳光的直接照射或水的溅射。

2. 注意事项

除满足以上环境条件外，安装时还应注意以下几点：

（1）可编程控制器的所有单元必须在断电时安装和拆卸。

（2）为防止静电对可编程控制器组件的影响，在接触可编程控制器前，先用手接触某一接地的金属物体，以释放人体所带静电。

（3）注意可编程控制器机体周围的通风和散热条件，切勿将导线头、铁屑等杂物通过通风窗落入机体内。

3. 安装与接线

S7 -200 系列可编程控制器的安装方法有底板安装和 DIN 导轨安装两种方法。

（1）底板安装。利用可编程控制器机体外壳四个角上的安装孔，用规格为 M4 的螺钉将控制单元、扩展单元、A/D 转换单元、D/A 转换单元及 I/O 链接单元固定在底板上。

（2）DIN 导轨安装。利用可编程控制器底板上的 DIN 导轨安装杆将控制单元、扩展单元、A/D 转换单元、D/A 转换单元及 I/O 链接单元安装在 DIN 导轨上。安装时安装单元与安装导轨槽对齐向下推压即可。将该单元从 DIN 导轨上拆下时，需用一字形的螺丝刀向下轻拉安装杆。

引导问题 4：MM440 变频器与 S7 -200 PLC 联机控制的注意事项。

引导问题 5：查阅相关资料，编写本次安装工程的施工计划。

引导问题 6：请列举所要用的工具、材料清单，并进行人员分工。

1. 人员分工（表 3-2）

表 3-2 人员分工

姓名	工作任务	备注

2. 工具及材料清单（表 3-3）

表 3-3 工具及材料清单

序号	工具或材料名称	单位	数量	备注

教学活动四　现场施工

学习目标

1. 能正确设置工作现场必要的安全标识和隔离措施。
2. 能进行传送带运输机的相关参数设置，程序编写，并写出参数表，绘制梯形图。
3. 能按图纸、工艺要求、安全规程要求进行安装接线并模拟调试，达到设计要求。
4. 能在作业完毕后清点、整理工具，收集剩余材料，清理工程垃圾，拆除防护措施。

学习场地

教室

学习课时

6 课时

学习过程

通过前面勘察现场与施工准备，已经确定安装方案，请根据图纸、工艺要求、安全规程要求写出 PLC 的 I/O 分配表，画出 PLC 与变频器联机的接线图，并进行安装接线，编写 PLC 控制程序，设置变频器参数，最后调试系统直至完成控制要求。

引导问题 1：根据勘察现场收集到的传送带作业流程编写 I/O 分配表（表 3 -4）。

表 3 -4　I/O 分配表

输入			输出		
输入继电器	元件代号	作用	输出继电器	元件代号	作用

引导问题 2：请根据前面所学过的变频器相关知识，结合本工程的安装要求，绘制出PLC 和变频器的联机接线图，并根据设计好的接线图现场施工接线。注意施工安全、现场管理、施工工艺要求及检收标准。

引导问题 3：根据现场特点，应该采取哪些安全、文明作业措施？

引导问题 4：PLC 软件安装过程中应该注意哪些问题？

引导问题 5：接线检查完毕后，根据任务要求编写 PLC 程序，输入西门子 MM440 变频器参数。

引导问题6：通电调试应该注意哪些安全事项？

引导问题7：编写调试步骤。

PLC 理论知识

1. PLC 的软元件

软元件（内部继电器）简称元件。PLC 内部的编程元件，也就是支持该机型编程语言的软元件，按通俗叫法分别称为继电器、定时器、计数器等，但它与真实元件有很大的差别，一般称为“软继电器”。这些编程用的继电器，它的工作线圈没有工作电压等级、功耗大小和电磁惯性等问题；触点没有数量限制、没有机械磨损和电蚀等问题。它在不同的指令操作下，其工作状态可以无记忆，也可以有记忆，还可以作为脉冲数字元件使用。对于西门子 S7－200 系列 PLC 的编程元件，按功能，可分为输入继电器、输出继电器、通用辅助继电器、特殊标志继电器、变量存储器、局部变量存储器、顺序控制继电器、定时器和计数器等。在 PLC 内部并不真正存在这些实际的物理器件，与其对应的只是存储器的某些存储单元。一个继电器对应一个基本单元，即 1 位（bit），多个继电器将占有多个基本单元；8 个基本单元形成一个 8 位二进制数，通常称之为 1 字节（Byte），它正好占用普通存储器的一个存储单元，连续两个存储单元构成一个 16 位二进制数，通常称为一个字（Word）或一个通道。连续的两个通道还能构成一个双字（Double Words）。使用这些编程软件，实质上是对相应的存储内容以位、字节、字或双字的形式进行存取。S7－200 系列 PLC 编程元件的编号由字母和数字组成，其中输入继电器和输出继电器用八进制数字编号，其他均采用十进制数字编号。表 3－5 为 S7－200 系列 PLC 的内部继电器。

表 3－5　S7－200 系列 PLC 内部继电器

描述	范围				
	CPU221	CPU222	CPU224	CPU224XP	CPU226
用户程序区	4096B	4096B	8192B	12288B	16384B
用户数据区	2048B	2048B	8192B	10240B	10240B
输入映像寄存器	I0. 0～I15. 7	I0. 0～I15. 7	I0. 0～I15. 7	I0. 0～I15. 7	I0. 0～I15. 7
输出映像寄存器	Q0. 0～Q15. 7	Q0. 0～Q15. 7	Q0. 0～Q15. 7	Q0. 0～Q15. 7	Q0. 0～Q15. 7
模拟输入(只读)		AIW0～AIW30	AIW0～AIW62	AIW0～AIW62	AIW0～AIW62
模拟输出(只读)		AQW0～AQW30	AQW0～AQW62	AQW0～AQW62	AQW0～AQW62
变量存储器	VB～VB2047	VB0～VB2047	VB0～VB2047	VB0～VB2047	VB0～VB2047
局部存储器	LB0～LB63	LB0～LB63	LB0～LB63	LB0～LB63	LB0～LB63
位存储器	M0. 0～M31. 7	M0. 0～M31. 7	M0. 0～M31. 7	M0. 0～M31. 7	M0. 0～M31. 7
特殊存储器(只读)	SM0. 0～SM179. 7 SM0. 0～SM29. 7	SM0. 0～SM179. 7 SM0. 0～SM29. 7	SM0. 0～SM179. 7 SM0. 0～SM29. 7	SM0. 0～SM179. 7 SM0. 0～SM29. 7	SM0. 0～SM179. 7 SM0. 0～SM29. 7
定时器	256(T0～255)				
保持接通延时 1 ms	T0,T64				
保持接通延时 10 ms	T1～T4　T65～T68				
保持接通延时 100 ms	T5～T31　T69～T95				
接通/断开延时 1 ms	T32,T96				
接通/断开延时 10 ms	T33～T36　T97～T100				
描述	范围				
	CPU221	CPU222	CPU224	CPU224XP	CPU226
接通/断开延时 100 ms	T37～T63　T101～T255				
计数器	C0～C255	C0～C255	C0～C255	C0～C255	C0～C255
高速计数器	HC0,HC3～HC5	HC0,HC3～HC5	HC0～HC5	HC0～HC5	HC0～HC5
顺控继电器	S0. 0～S31. 7	S0. 0～S31. 7	S0. 0～S31. 7	S0. 0～S31. 7	S0. 0～S31. 7
累加器	AC0～AC3	AC0～AC3	AC0～AC3	AC0～AC3	AC0～AC3
跳转/标号	0～255	0～255	0～255	0～255	0～255
调用/子程序	0～63	0～63	0～63	0～127	0～127
中断程序	0～127	0～127	0～127	0～127	0～127
中断号	0～12 19～23 27～33	0～12 19～23 27～33	0～23 27～33	0～33	0～33
PID 回路	0～7	0～7	0～7	0～7	0～7
通信端口	端口 0	端口 0	端口 0	端口 0. 1	端口 0. 1

1）输入继电器（I）

PLC 的输入端子是从外部开关接收信号的窗口，PLC 内部与输入端子连接的输入继电器 I 是用光电隔离的电子继电器，它们的编号与接线端子编号一致（按八进制输入），线圈的吸合或释放只取决于 PLC 外部触点的状态。内部有常开/常闭两种触点供编程时随时使用，且使用次数不限。输入电路的时间常数一般小于 10ms。各基本单元都是八进制输入的地址，输入为 I0.0—I0.7、I1.0—I1.7、I15.0—I15.7。它们一般位于机器的下端。CPU 一般按“字节．位”的编址方式来读取每个继电器的状态。如 I0.1 中的 0 就是指第“0”号字节中的第“1”号位。

符号如图 3－1 所示。

图 3－1 输入继电器符号

2）输出继电器（Q）

PLC 的输出端子是向外部负载输出信号的窗口。输出继电器的线圈由程序控制，输出继电器的外部输出主触点接到 PLC 的输出端子上供外部负载使用，其余常开/常闭触点供内部程序使用。输出继电器的电子常开/常闭触点使用次数不限。输出电路的时间常数是固定的。各基本单元都是八进制输出，输出为 Q0.0—Q0.7 、Q1.0—Q1.7、Q15.0—Q15.7。它们一般位于机器的上端。

符号如图 3－2 所示。

图 3－2 输出继电器符号

3）辅助继电器（M）

PLC 内有很多的辅助继电器，其线圈与输出继电器一样，由 PLC 内各软元件的触点驱动。辅助继电器也称中间继电器，它没有向外的任何联系，只供内部编程使用。它的电子常开/常闭触点使用次数不受限制。但是，这些触点不能直接驱动外部负载，外部负载的驱动必须通过输出继电器来实现。图 3－3 中的 M0.0，它只起到一个自锁的功能，其地址号按八进制编号。辅助继电器中还有一些特殊的辅助继电器，如掉电继电器、保持继电器等。

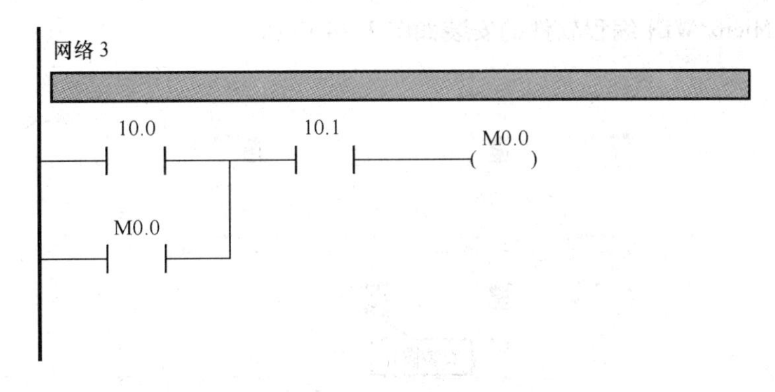

图 3－3　辅助继电器的使用

4）定时器（T）

定时器是 PLC 中重要的编程元件，是累计时间增量的内部器件。大部分自动控制领域都需要定时器进行延时控制，灵活地使用定时器可以编制出复杂的控制程序。其工作过程和传统继电器控制系统中的时间继电器基本相同。使用时要提前输入时间预置值。当定时器的输入条件满足且开始计时时，当前值从 0 开始按一定的时间单位增加；当定时器的当前值达到预置值时，定时器动作，此时它的动合触点闭合，动断触点断开。

5）计数器（C）

计数器用来累计输入脉冲的次数。它是应用非常广泛的编程元件，经常用来计数或特定功能的编程。使用时要提前输入它的设定值（计数的个数）。当输入触发条件满足时，计数器开始累计它的输入端脉冲电位上升沿（正跳变）的次数。当计数器计数达到预定的设定值时，其动合触点闭合，动断触点断开。计数器的计数方式有 3 种：递增计数、递减计数和增/减计数。递增计数是从 0 开始，累加到设定值，计数器动作。递减计数是从设定值开始，累减到 0，计数器动作。增/减计数有 2 个计数端，其增计数原理与递增计数相同，其减计数原理与递减计数相同。

6）特殊标志继电器（SM）

有些辅助继电器具有特殊功能，如存储系统的状态变量、有关的控制参数和信息等，我们称之为特殊标志继电器。用户可以通过特殊标志来沟通 PLC 与被控对象，如可以读取程序运行过程中的设备状态和运算结果信息，根据这些信息用程序实现一定的控制动作，也可通过直接设置特殊标志继电器来使设备实现某种功能。

2. 西门子编程软件的应用

1）STEP 7 – MicroWIN – V40 的安装

西门子编程软件 STEP 7 – MicroWIN – V40，该版本对于初学者来说比较容易接受，同时在步进指令中使用它编程比较方便，所以先对其安装和使用进行简单介绍，安装过程说明如下：

STEP 7 - Micro/WIN 编程软件的安装如图 3 -4 所示。

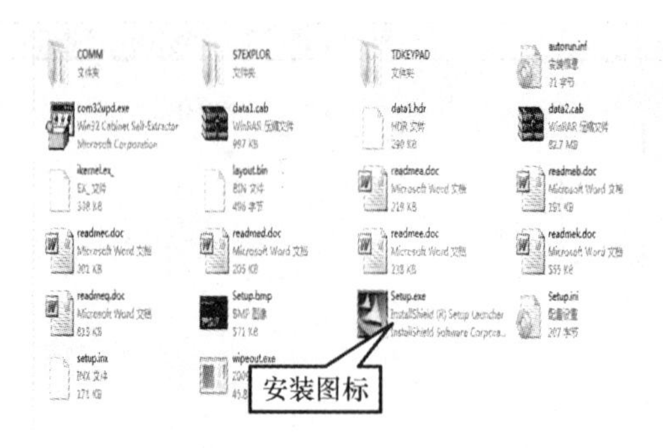

图 3 -4　STEP 7 - Micro/WIN 安装图标

双击文件，出现如图 3 -5 所示的界面。

选择确定，出现如图 3 -6 所示的界面。

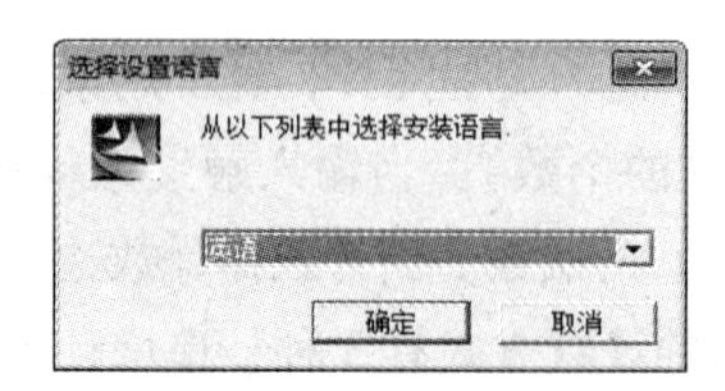

图 3 -5　语言设置界面

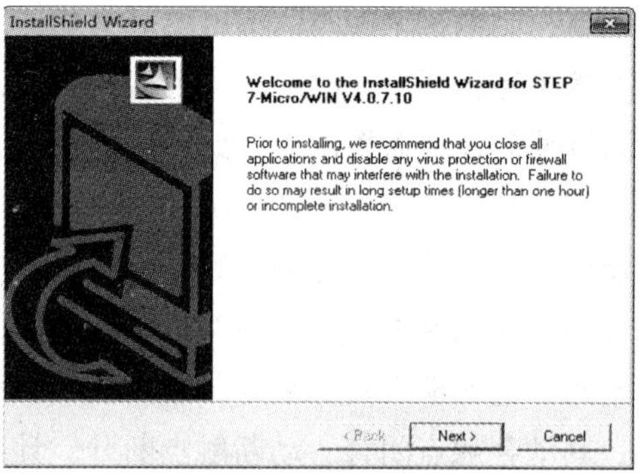

图 3 -6　安装确定界面

单击鼠标左键选择 Next >，出现如图 3 -7 所示的界面：

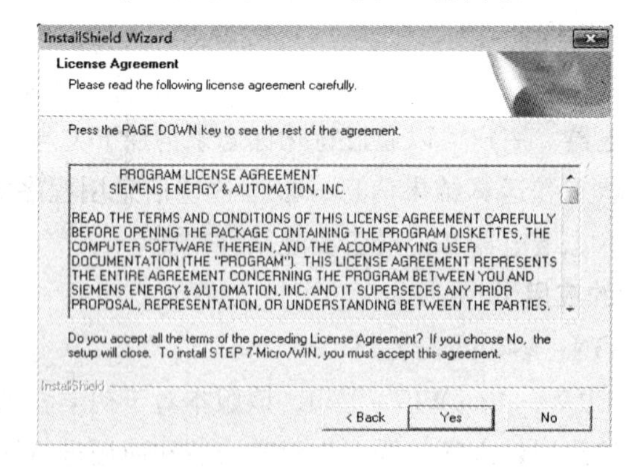

图 3 -7　用户协议

单击鼠标左键单击 Yes，将会出现如图 3 -8 所示的界面：

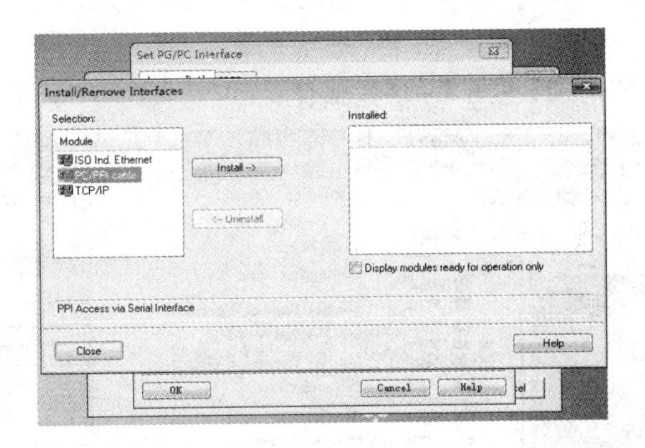

图 3 - 8　安装配置

单击鼠标左键单击 Close，再单击鼠标左键单击 OK，出现如图 3 - 9 所示的界面：

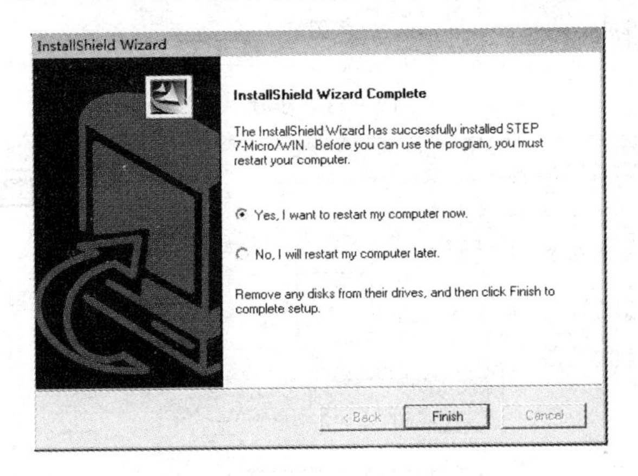

图 3 - 9　安装完成

选择“No，I will restart my computer later”，再单击鼠标左键单击 Finish。

在桌面上找到图标 V4.0 STEP 7 MicroWI...，鼠标左键双击打开它，出现如图 3 - 10 所示的界面：

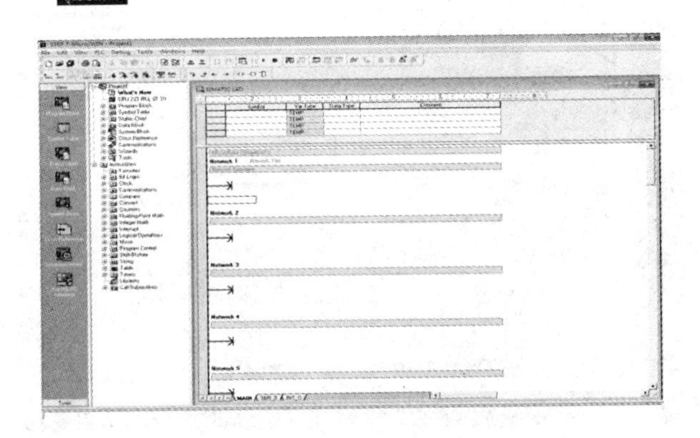

图 3 - 10　程序界面

按照下列图示（图 3 – 11 ~ 图 3 – 14）操作：

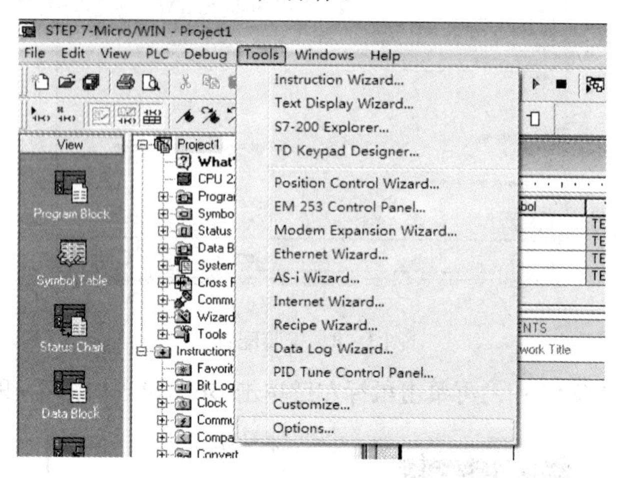

图 3 – 11　步骤一

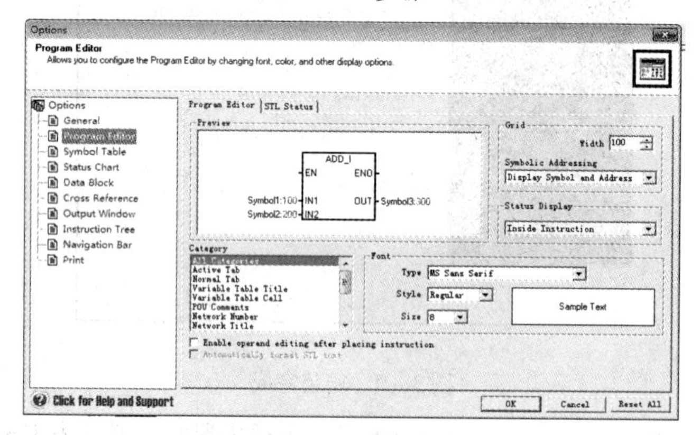

图 3 – 12　步骤二

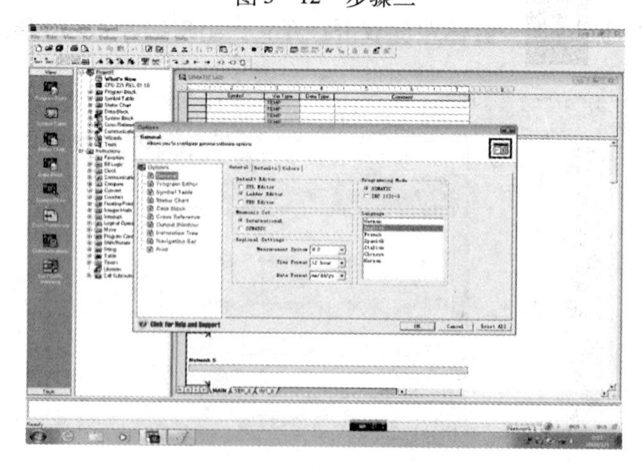

图 3 – 13　步骤三

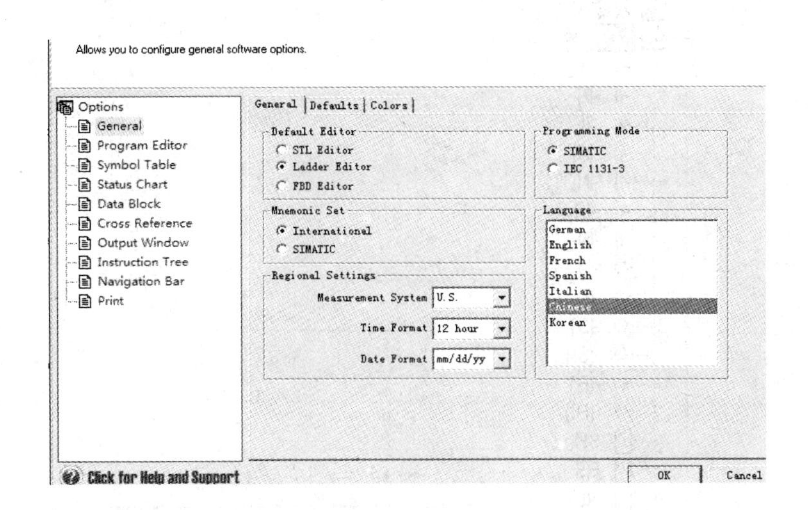

图 3 - 14　步骤四

选择 OK，安装完成。

2）程序输入和编辑

软件安装完毕以后，即可使用，使用方法如下。

（1）打开程序

单击“开始”→“程序”→ V4.0 STEP 7 MicroWIN 即可打开程序，如图3 - 15。

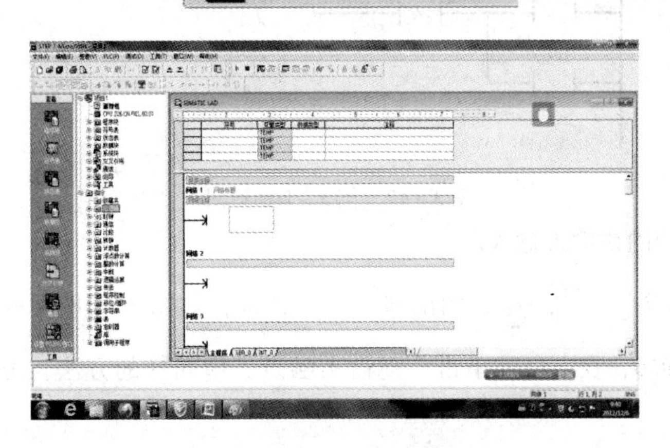

图 3 - 15　打开程序画面

（2）输入梯形图

输入梯形图有两种方法，一是利用工具条或功能图（图 3 - 16）中的快捷键输入，另一种是直接用键盘输入。

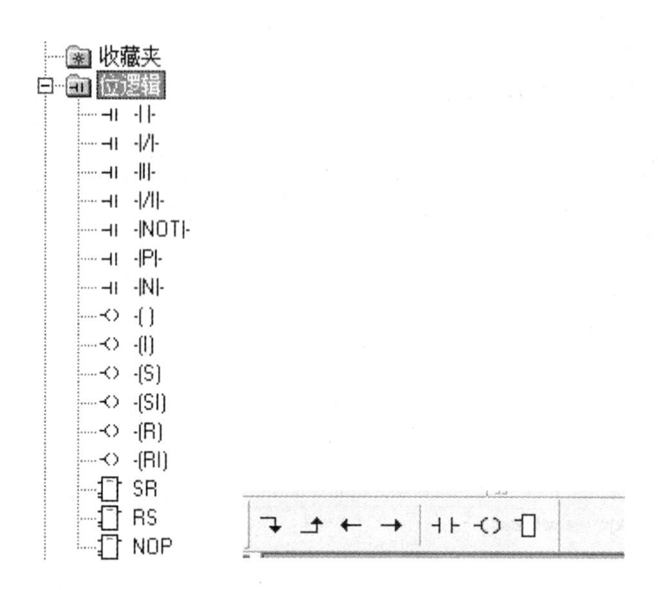

图 3－16　工具条和功能图

下面以一段简单的程序为例说明这两种输入方法。

例 3－1：输入下面一段程序（图 3－17）。

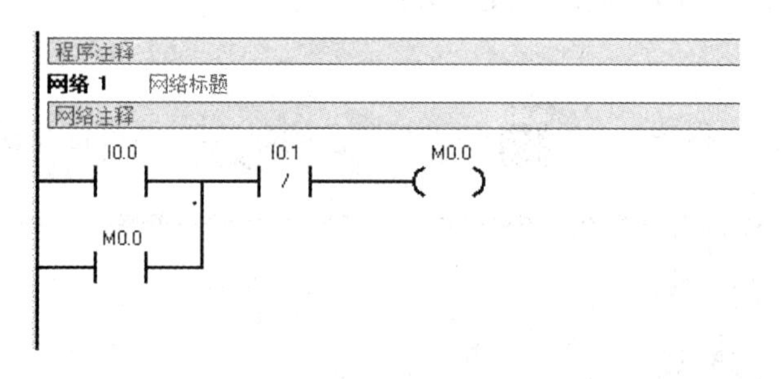

图 3－17　例 3－1 梯形图

① 用工具条中的快捷键输入。

触点输入：双击，则出现一个对话框，如图 3－18 所示。单击 ，在对话框中输入 I0.0，在空白处单击，则输入触点，用同样的方法，可以输入其他的常开、常闭触点。

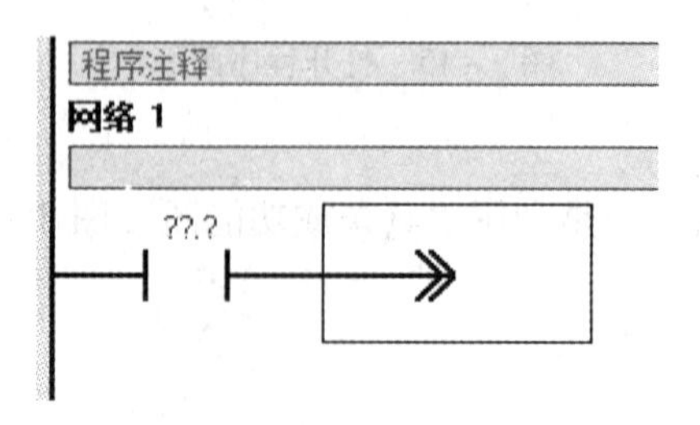

图 3－18　输入触点对话框

线圈输入：双击 ，则出现如图 3－19 的对话框，单击 在对话框中输入 M0.0，在空白处单击，则线圈输入。

用同样的方法，可以输入其他程序。

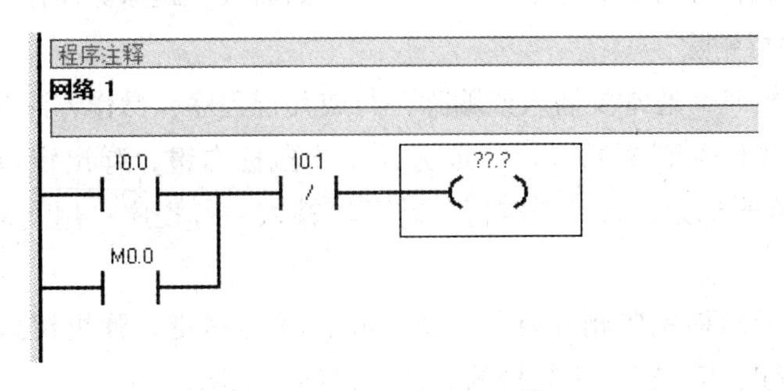

图 3－19　线圈输入对话框

② 从键盘输入。

如果键盘使用熟练，直接从键盘输入则更方便，效率更高，不用单击工具栏中的按钮。以例 3－1 程序为例，首先使光标处于第一行的首端。

在键盘上直接键入 F4，同样出现一个对话框，如图 3－20；再键入回车键（Enter），则程序输入。接着键入 I0.0，再键入回车键（Enter）。

线圈输入：在键盘上直接键入 F6，同样出现一个对话框，如图 3－21；再键入回车键（Enter），则程序输入。接着键入 Q0.0，再键入回车键（Enter）……

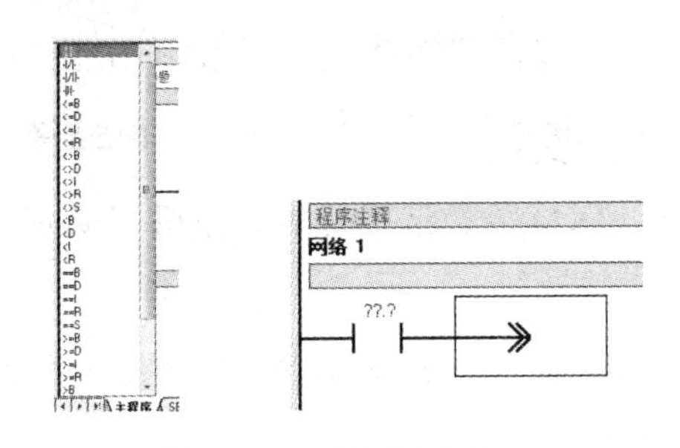

图 3－20　常开触点输入

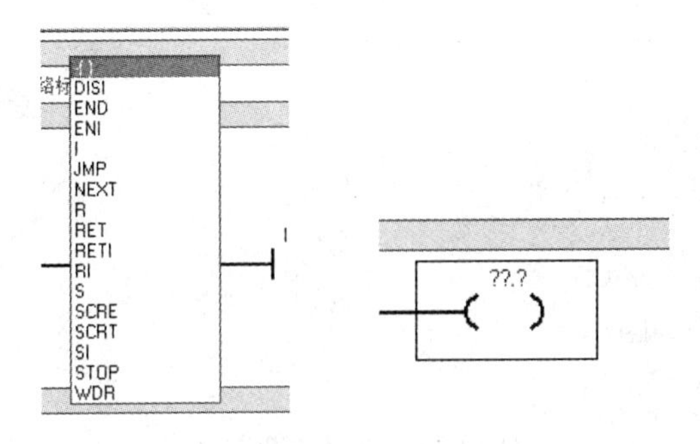

图 3－20　线圈输入

用键盘输入时，可以不管程序中各触点的连接关系，对于出现分支、自锁等关系的可以直接用 去补上。通过一定的练习和摸索，就能熟练地掌握程序输入的方法。

3）梯形图编辑

在输入梯形图时，常需要对梯形图进行编辑，如插入、删除等操作。

（1）行插入和行删除

在进行程序编辑时，通常要插入或删除一行或几行程序，操作方法是：

行插入：先将光标移到要插入行的地方，单击鼠标右键，弹出窗口，单击“插入”，再单击“行”，则在光标处出现一个空行，就可以输入一行程序；用同样的方法，可以继续插入行。

行删除：先将光标移到要删除行的地方，单击鼠标右键，弹出窗口，单击“删除”，再单击“行”，就删除了一行；用同样的方法可以继续删除。

（2）网络插入和网络删除。

4）程序的编译

程序通过编辑以后，要通过编译才能传给PLC。编译方法：直接单击图标 。

5）与PLC通信

在PLC的CPU断电前提下，用USB数据线将CPU与上位机编程电脑进行物理连接，打开CPU的电源，安装好数据线的驱动程序，单击编程软件中 按钮，弹出窗口如图3－21所示（未设置好通信设置的情况下）。单击“通信”按钮，弹出窗口如图3－22所示的通信设置窗口。单击 设置 PG/PC 接口，弹出窗口如图3－23所示。单击 PC/PPI cable(PPI)，单击 属性(R)...，单击 本地连接，如图3－24所示，选择与数据线对应的COM口，如COM3等，选择好后，单机“确定”按钮，通信完成。此时重新下载程序即可。

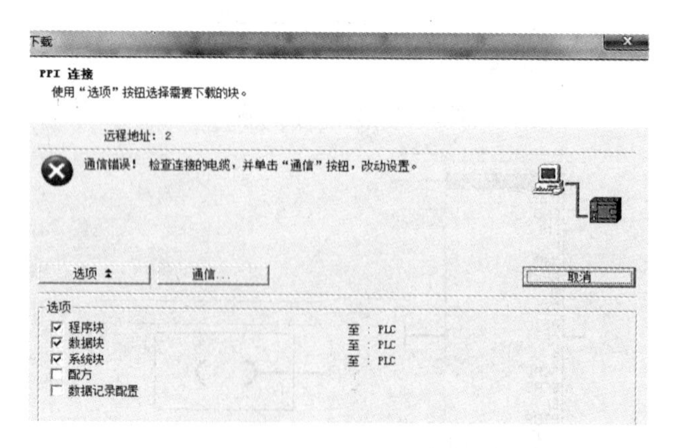

图3－21　驱动下载窗口

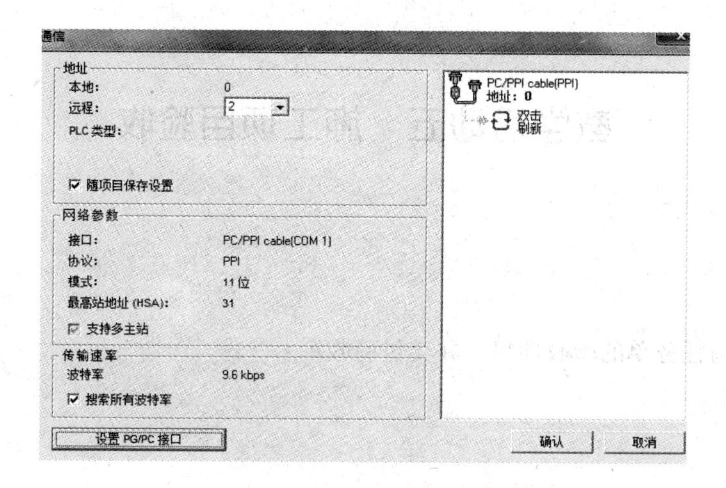

图 3－22　通信设置窗口

设置 PG/PC 接口
访问路径　LLDP
应用程序访问点 (A)：
Micro/WIN --> PC/PPI cable (PPI)
(Standard for Micro/WIN)
为使用的接口分配参数 (P)：
PC/PPI cable (PPI)
属性 (R)...
<无>
ISO Ind. Ethernet -> Realtek
PC/PPI cable (PPI)
PLCSIM (ISO)
复制 (Y)...
删除 (L)
(Assigning Parameters to an PC/PPI cable for an PPI Network)
接口
添加/删除：
选择 (C)...
确定　取消　帮助

图 3－23　设置 PG/PC 接口窗口

属性 - PC/PPI cable(PPI)
PPI　本地连接
连接到 (C)：
COM1
调制解调器连接 (M)
确定　默认 (D)　取消　帮助

图 3－24　PC/PPI 属性设置窗口

教学活动五　施工项目验收

学习目标

能正确填写任务单的验收项目，并交付验收。

学习场地

教室

学习课时

2 课时

学习过程

对任务联系单进行填写，培养交付验收过程中进行有效沟通的能力。

引导问题：完成施工后，对照自己的成果进行直观检查，完成“自检”部分内容，同时由老师安排其他同学（同组或别组同学）进行“互检”，并填写表 3－6。

表 3－6　自检与互检表

项目	自检		互检	
	合格	不合格	合格	不合格
电动机的选择				
变频器的选择				
布线是否合理				
是否满足改造要求				
清理现场				
沟通能力				
团结协作				

教学活动六　工作总结与评价

学习目标

1. 能以小组形式，正确规范撰写关于学习过程和实训成果的总结并汇报。
2. 能采用多种形式展示成果。
3. 完成对学习过程的综合评价。

学习场地

教室

学习课时

4 课时

学习过程

同学们以小组为单位，选择演示文稿、展板、海报、录像等形式向全班展示学习成果。

引导问题 1：请简要叙述在传送带运输机电气系统的安装与调试工作中学到了什么知识（专业技能和技能之外的能力）。

引导问题 2：讨论总结小组在检修工作过程中还存在哪些问题，是什么原因导致的，如何改进，并完成表 3－7。

表 3－7　学习过程经典问题记录表

序号	经典问题	问题原因	解决方法

引导问题3：对本次任务完成情况做出个人总结并完成综合评价（表3-8）。

表3-8 个人总结与综合评价

评价项目	评价内容	评价标准	评价方式		
			自我评价	小组评价	教师评价
职业素养	安全意识责任意识	A 作风严谨、自觉遵章守纪、出色地完成工作任务 B 能够遵守规章制度、较好地完成工作任务 C 遵守规章制度、没完成工作任务，或虽完成工作任务但未严格遵守规章制度 D 不遵守规章制度、没完成工作任务			
	学习态度	A 积极参与教学活动，全勤 B 缺勤达本任务总学时的10% C 缺勤达本任务总学时的20% D 缺勤达本任务总学时的30%			
	团队合作意识	A 与同学协作融洽、团队合作意识强 B 与同学能沟通、协同工作能力较强 C 与同学能沟通、协同工作能力一般 D 与同学沟通困难、协同工作能力较差			
专业能力	学习活动1、2明确工作任务和勘察施工现场	A 按时、完整地完成工作页，问题回答正确，数据记录准确完整 B 按时、完整地完成工作页，问题回答基本正确，数据记录基本准确 C 未能按时完成工作页，或内容遗漏、错误较多 D 未完成工作页			
	学习活动3施工前的准备	A 学习活动评价成绩为90~100分 B 学习活动评价成绩为75~89分 C 学习活动评价成绩为60~74分 D 学习活动评价成绩为0~59分			
	学习活动4现场施工	A 学习活动评价成绩为90~100分 B 学习活动评价成绩为75~89分 C 学习活动评价成绩为60~74分 D 学习活动评价成绩为0~59分			
	学习活动5施工项目验收	A 学习活动评价成绩为90~100分 B 学习活动评价成绩为75~89分 C 学习活动评价成绩为60~74分 D 学习活动评价成绩为0~59分			
创新能力		学习过程中提出具有创新性、可行性的建议	加分奖励：		
学生姓名			综合评价等级		
指导老师			日期		

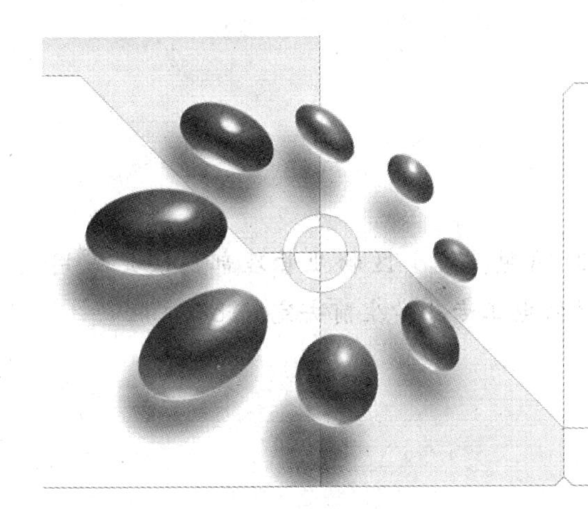

学习任务四 单台水泵变频启动工频运行控制

学习目标

1. 能阅读工作任务联系单，明确项目任务、工时、工作内容，服从工作安排。
2. 能与物业人员进行有效沟通，了解小区供水系统状况。
3. 能准确描述施工现场特征。
4. 能根据勘察结果，列举出所需工具和材料清单，并制订工作计划。
5. 能正确分析变频控制供水系统。
6. 能正确分配 PLC I/O 地址，并编写程序。
7. 能正确设置变频器参数。
8. 能正确设置工作现场必要的安全标识和隔离措施。
9. 能按图纸、工艺要求、安全规程要求安装接线。
10. 能在作业完毕后清点、整理工具，收集剩余材料，清理工程垃圾，拆除防护措施。
11. 能正确填写任务单的验收项目，并交付验收。
12. 能以小组形式，正确规范撰写关于学习过程和实训成果的总结并汇报。
13. 能采用多种形式进行成果展示。

建议课时

42 课时

工作流程与活动

教学活动 1：明确工作任务
教学活动 2：勘察施工现场
教学活动 3：施工前的准备
教学活动 4：现场施工

教学活动5：施工项目验收

教学活动6：工作总结与评价

工作情景描述

某小区经常出现供水过剩的情况，为解决此问题，该小区物业管理部门决定采用PLC、变频器对供水系统进行改造，并委派我院维修电工专业学生前去完成此项工程。

教学活动一　明确工作任务

学习目标

能阅读工作任务联系单，明确项目任务、工时、工作内容，服从工作安排。

学习场地

教室

学习课时

2 课时

学习过程

请认真阅读工作情景描述，查阅相关资料，依据教师的故障现象描述或现场观察，组织语言自行填写工作任务联系单（见表 4－1）。

表 4－1　工作任务联系单

报修记录					
报修部门		报修人		联系电话	
报修级别	特急□　急□　一般□		希望完工时间	年　月　日以前	
故障设备		设备编号		报修时间	
故障状况					
客户要求					

续 表

<table>
<tr><td colspan="6">维修记录</td></tr>
<tr><td colspan="2">接单人及时间</td><td></td><td>预定完工时间</td><td colspan="2"></td></tr>
<tr><td colspan="2">派工</td><td></td><td></td><td></td><td></td></tr>
<tr><td colspan="2">故障原因</td><td colspan="4"></td></tr>
<tr><td colspan="2">维修类别</td><td colspan="4">小修□　　中修□　　大修□</td></tr>
<tr><td colspan="2">维修情况</td><td colspan="4"></td></tr>
<tr><td colspan="2">维修起止时间</td><td colspan="2"></td><td>工时总计</td><td></td></tr>
<tr><td colspan="2">维修人员建议</td><td colspan="4"></td></tr>
<tr><td colspan="6">验收记录</td></tr>
<tr><td rowspan="2">验收项目</td><td>维修开始时间</td><td></td><td>完工时间</td><td colspan="2"></td></tr>
<tr><td colspan="5">维修人员工作态度是否端正：是 □　否□
本次维修是否已解决问题：是 □　否 □
是否按时完成：是 □　否 □
客户评价：非常满意□　基本满意□　不满意□
客户意见及建议：

验收人：　　　日期：</td></tr>
</table>

引导问题 1：阅读工作任务联系单，说出本次任务的工作内容、时间要求及交接工作的相关责任人，并根据实际情况补充完整。

引导问题 2：查阅相关资料，简述城市小区供水系统的发展现状。

引导问题 3：在填写完工作任务联系单后你是否有信心完成此工作？要完成此工作你认为还欠缺哪些知识和技能？

变频器的模拟信号控制操作

MM440 变频器可以通过 6 个数字输入端口对电动机进行正反转运行、正反转点动运行方向控制。可通过基本操作板，按频率调节键可增加或减少输出频率，从而控制正反向转速的大小。也可以由模拟输入端控制电动机转速的大小。

MM440 变频器的“1”“2”输出端为用户的给定单元提供了一个高精度的 +10 V 直流稳压电源，可利用转速调节电位器串联在电路中，调节电位器，改变输入端口给定的模拟输入电压，变频器的输入量将紧紧跟踪给定量的变化，从而平滑无极地调节电动机转速的大小。

MM440 变频器为用户提供了两对模拟输入端口，即端口（3，4）和端口（10，11），通过设置 P0701 的参数值，使数字输入“5”端口具有正转控制功能；模拟输入（3，4）端口外接电位器，通过“3”端口输入大小可调的模拟电压信号，控制电动机转速的大小。即由数字输入端控制电动机转速的方向，由模拟输入端控制转速的大小。

1. 控制要求

（1）正确设置变频器输出的额定频率、额定电压、额定电流、额定功率、额定转速。

（2）通过外部端子控制电动机启动、停止，合上转换开关“SA_1”电动机正转启动。

（3）通过外部调节旋钮（电位器）给定范围 DC 0 ~ +10 V 标准信号，同时用直流电压表监视输入电压的大小。信号在 5 V 以下的时候，由电动机 M1 运行；当信号大于5 V的时候，由电动机 M 运行。

2. 参数功率表及接线图

（1）参数功率表（见表4－2）

表4－2　参数功率表

参数号	出厂值	设置值	说明
P0304	400	380	电动机额定电压（V）
P0305	3.25	0.35	电动机额定电流（A）
P0307	1.5	0.075	电动机额定功率（kW）
P0310	50	50	电动机额定频率（Hz）
P0311	1 425	1 500	电动机额定转速（r/min）
P0700	2	2	选择命令源（BOP）
P0701	1	1	ON/OFF（接通正转/停车命令1）
P0731	52.3	52.2	变频器正转运行，继电器闭合
P0733	52.3	53.5	实际频率小于比较频率，继电器闭合
P2155	30.00	25.00	门限频率 $f-1$
P1000	2	2	选择频率源（BOP）
P1080	0	0	最小频率/Hz
P1082	50	50	最大频率（Hz）
P1120	10	5	斜坡上升时间（s）
P1121	10	5	斜坡下降时间（s）
注：① 设置参数前先将变频器参数复位为工厂缺省值。 ② 设置P0003＝3只供家级使用。 ③ 设置电动机参数前将P0010＝1（快速调试），设置结束后将P0010＝0（准备运行）。			

（2）变频器外部接线图（见图4－1）

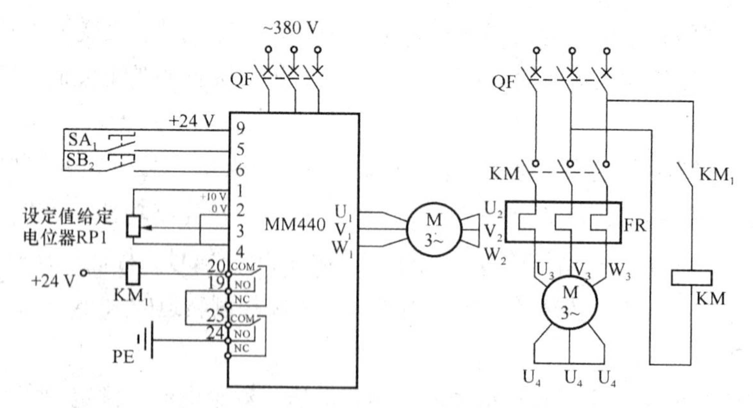

图4－1　变频器外部接线图

3. 变频器运行操作

（1）按照变频器外部接线图完成变频器的接线，认真检查，确保无误。

（2）打开电源开关，按照参数功能表正确设置变频器参数。

（3）合上转换开关“SA_1”，调节输入电压，观察并记录电动机运行情况。

教学活动二　勘察施工现场

学习目标

1. 能与物业人员进行有效沟通。
2. 能准确描述施工现场特征。

学习场地

施工现场

学习课时

6 课时

学习过程

请通过勘察现场、查阅相关资料回答下列问题。

引导问题 1：描述施工现场特征。

引导问题 2：你见过下图（图 4－2）吗？你了解图中系统的工作原理吗？

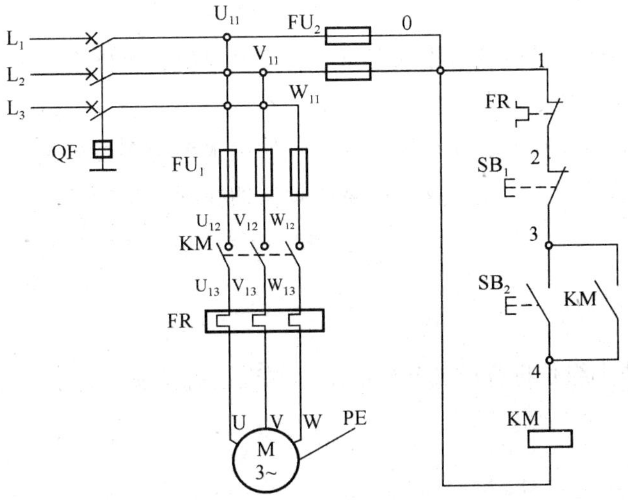

图 4－2　引导问题 2 图

引导问题3：这张图（图4－2）和要改造的供水系统变频控制有什么关系？

引导问题4：根据现场勘察情况，简述改造前系统的缺点。

引导问题5：简述系统改造后的预期效果。

小词典

工业控制中有一些关键设备在投入运行后不允许停机，否则会造成不良影响，这些设备如果由变频器驱动，则变频器一旦出现跳闸停机现象，应能马上将电动机切换到工频电源。另有一类负载应用变频器驱动是为了节能，如供水系统多泵控制切换，如果变频器达到满载输出时就失去了节能作用，这时应将变频器切换到工频运行。

引导问题6：请小组长将各成员分析的工作原理进行汇总、讨论，并展示学习成果。

教学活动三　施工前的准备

学习目标

1. 能根据勘察结果，列举出所需工具和材料清单，并制订工作计划。
2. 能正确分析变频控制供水系统。
3. 能正确分配 PLC 的 I/O 地址，并编写程序。
4. 能正确设置变频器参数。

学习场地

教室

学习课时

18 课时

学习过程

查阅相关资料，回答下列问题，为施工做好准备。

引导问题 1：根据任务要求和施工图纸，编写本改造工程的施工计划。

小词典

系统接线图（如图 4 - 3 所示）中，使用 KM_1 切换变频器的通、断电，KM_2 切换变频器与电动机的接通与断开，KM_3 接通电动机的工频运行。KM_2 和 KM_3 在切换过程中不能同时接通，需要在 PLC 内、外通过程序和电路进行连锁保护。变频器由电位器 RP 调节频率，用 KA 常开触点控制运行，SA 为工频/变频切换开关，SA 旋转至 I0. 0 时，电动机为工频运行；SA 旋转至 I0. 1 时，电动机为变频运行。SB_1、SB_2 分别为工频运行（变频器不通电）时的启动/停止开关；SB_3、SB_4 分别为变频器运行/停止开关。

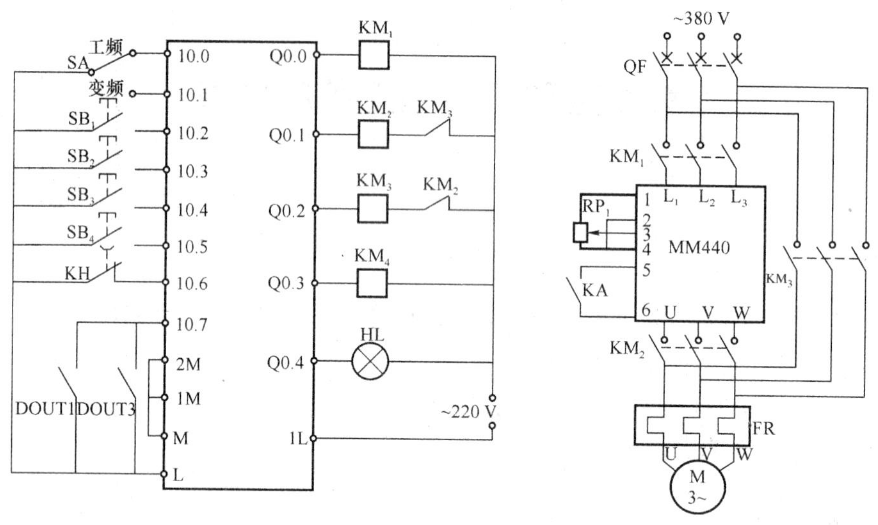

图 4－3　系统接线图

引导问题 2：结合变频供水系统控制接线图正确分配 I/O 地址（表 4－3）。

小提示

表 4－3　PLC 输入输出设备及 I/O 分配表

序号	输入设备		输入设备用途	PLC 输入端口	备注
	名称	符号			
1	组合开关	SA	工频运行	I0. 0	
2	组合开关	SA	变频运行	I0. 1	
3	按钮	SB_1	工频启动	I0. 2	
4	按钮	SB_2	工频停止	I0. 3	
5	按钮	SB_3	变频运行启动	I0. 4	
6	按钮	SB_4	变频运行停止	I0. 5	
7	热继电器	FR	过载保护	I0. 6	
8	变频器数字输出 1	DOUT1	变频器故障转换	I0. 7	
9	变频器数字输出 3	DOUT3	变频器频率比较	I0. 7	
10	接触器	KM_1	变频器通断电切换	Q0. 0	
11	接触器	KM_2	变频器与电动机的通断电切换	Q0. 1	
12	接触器	KM_3	电动机工频运行	Q0. 2	
13	继电器	KA	运行	Q0. 3	
14	指示灯	HL	报警	Q0. 4	

引导问题 3：结合变频供水系统控制接线图（图 4 –4）正确编写 PLC 控制程序。

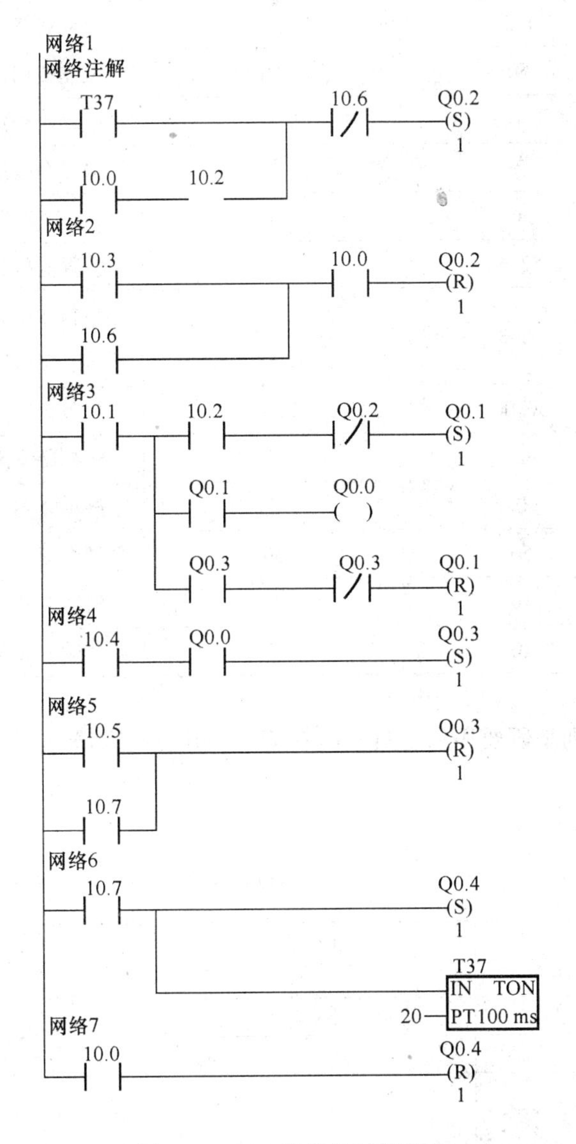

图 4 –4　PLC 联机控制梯形图

引导问题 4：设置变频器参数（表 4 –4）。

小提示

表 4－4　参数设置表

参数号	出厂值	设置值	说明
P0304	400	380	电动机额定电压（V）
P0305	3.25	0.35	电动机额定电流（A）
P0307	1.5	0.075	电动机额定功率（kW）
P0310	50	50	电动机额定频率（Hz）
P0311	1 425	1 470	电动机额定转速（r/min）
P0700	2	2	选择命令源
P0701	1	1	ON/OFF（接通正转/停车命令 1）
P0731	52.3	52.3	变频器故障
P0733	52.3	53.6	变频器实际频率大于等于比较频率时，继电器 DOUT3 闭合
P2155	30.00	50.00	门限频率 $f-1$
P1000	2	2	频率设定值的选中
P1080	0	0	最小频率（Hz）
P1082	50	50	最大频率（Hz）
P1120	10	5	斜坡上升时间（s）
P1121	10	5	斜坡下降时间（s）

引导问题 5：请列举所要用的工具、材料清单，并进行人员分工。

1. 人员分工（表 4－5）

表 4－5　人员分工表

姓名	工作任务	备注

2. 工具及材料清单（表 4 –6）

表 4 –6　工具及材料清单

序号	工具或材料名称	单位	数量	备注

教学活动四　现场施工

学习目标

1. 能正确设置工作现场必要的安全标识和隔离措施。
2. 能按图纸、工艺要求、安全规程要求安装接线。
3. 能在作业完毕后清点、整理工具，收集剩余材料，清理工程垃圾，拆除防护措施。

学习场地

施工现场

学习课时

10 课时

学习过程

通过前面勘察现场与施工准备，已经确定改造（大修）方案，请根据图纸、工艺要求、安全规程要求安装接线，设置变频器参数，调试系统直至完成控制要求。

引导问题 1：现场需要采取哪些安全隔离措施？

引导问题 2：查阅资料，简述远传压力表的型号及作用。

引导问题 3：查阅相关工艺要求规程、安全规程，结合施工图纸安装接线。

引导问题 4：设置变频器参数，下载 PLC 控制程序，调试供水系统变频控制。

教学活动五　施工项目验收

学习目标

能正确填写任务单的验收项目，并交付验收。

学习场地

教室

学习课时

2 课时

学习过程

对任务联系单进行填写，培养交付验收过程中进行有效沟通的能力。

引导问题 1：本系统改造后，性能如何？

引导问题 2：完成施工后，对照自己的成果进行直观检查，完成“自检”部分内容，同时由老师安排其他同学（同组或别组同学）进行“互检”，并填写表 4－7：

表 4－7　自检与互检表

项目	自检		互检	
	合格	不合格	合格	不合格
电动机的选择				
变频器的选择				
布线是否合理				
是否满足改造要求				
清理现场				
沟通能力				
团结协作				

教学活动六　工作总结与评价

学习目标

1. 能以小组形式，正确规范撰写关于学习过程和实训成果的总结并汇报。
2. 能采用多种形式展示成果。
3. 完成对学习过程的综合评价。

学习场地

教室

学习课时

4 课时

学习过程

同学们以小组为单位，选择演示文稿、展板、海报、录像等形式向全班展示学习成果。

引导问题 1：请你简要叙述在单台水泵变频启动工频运行控制工作中学到了什么知识。

引导问题 2：讨论总结小组在检修工作过程中还存在哪些问题，是什么原因导致的，如何改进，完成表 4－8。

表 4－8　学习过程经典问题记录表

序号	经典问题	问题原因	解决方法

引导问题 3：不同项目的实施有哪些异同点？请总结规律。

引导问题4：对本次任务完成情况做出个人总结并完成综合评价（表4－9）。

表4－9　个人总结与综合评价

<table>
<tr><th rowspan="2">评价项目</th><th rowspan="2">评价内容</th><th rowspan="2">评价标准</th><th colspan="3">评价方式</th></tr>
<tr><th>自我评价</th><th>小组评价</th><th>教师评价</th></tr>
<tr><td rowspan="3">职业素养</td><td>安全意识
责任意识</td><td>A 作风严谨、自觉遵章守纪、出色地完成工作任务
B 能够遵守规章制度、较好地完成工作任务
C 遵守规章制度、没完成工作任务，或虽完成工作任务但未严格遵守规章制度
D 不遵守规章制度、没完成工作任务</td><td></td><td></td><td></td></tr>
<tr><td>学习态度</td><td>A 积极参与教学活动，全勤
B 缺勤达本任务总学时的 10%
C 缺勤达本任务总学时的 20%
D 缺勤达本任务总学时的 30%</td><td></td><td></td><td></td></tr>
<tr><td>团队合作
意识</td><td>A 与同学协作融洽、团队合作意识强
B 与同学能沟通、协同工作能力较强
C 与同学能沟通、协同工作能力一般
D 与同学沟通困难、协同工作能力较差</td><td></td><td></td><td></td></tr>
<tr><td rowspan="4">专业能力</td><td>学习活动
1、2 明确
工作任务
和勘察
施工现场</td><td>A 按时、完整地完成工作页，问题回答正确，数据记录准确完整
B 按时、完整地完成工作页，问题回答基本正确，数据记录基本准确
C 未能按时完成工作页，或内容遗漏、错误较多
D 未完成工作页</td><td></td><td></td><td></td></tr>
<tr><td>学习活动 3
施工前的
准备</td><td>A 学习活动评价成绩为 90～100 分
B 学习活动评价成绩为 75～89 分
C 学习活动评价成绩为 60～74 分
D 学习活动评价成绩为 0～59 分</td><td></td><td></td><td></td></tr>
<tr><td>学习活动 4
现场施工</td><td>A 学习活动评价成绩为 90～100 分
B 学习活动评价成绩为 75～89 分
C 学习活动评价成绩为 60～74 分
D 学习活动评价成绩为 0～59 分</td><td></td><td></td><td></td></tr>
<tr><td>学习活动 5
施工项目
验收</td><td>A 学习活动评价成绩为 90～100 分
B 学习活动评价成绩为 75～89 分
C 学习活动评价成绩为 60～74 分
D 学习活动评价成绩为 0～59 分</td><td></td><td></td><td></td></tr>
<tr><td colspan="2">创新能力</td><td>学习过程中提出具有创新性、可行性的建议</td><td colspan="3">加分奖励：</td></tr>
<tr><td colspan="2">学生姓名</td><td></td><td>综合评价等级</td><td colspan="2"></td></tr>
<tr><td colspan="2">指导老师</td><td></td><td>日期</td><td colspan="2"></td></tr>
</table>

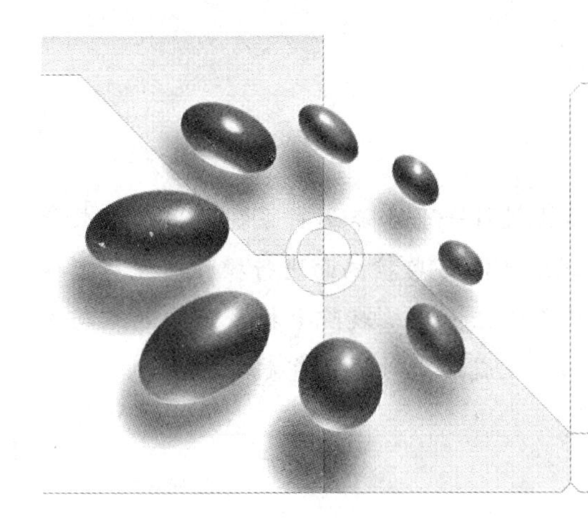

学习任务五

运料小车电气系统的安装与调试

学习目标

1. 能阅读工作任务联系单，明确项目任务、工时、工作内容，服从工作安排。

2. 能准确描述施工现场特征。

3. 学会用 MCGS 新建工程、制作画面、连接设备等操作。

4. 能到现场采集运料小车的技术资料，根据运料小车的电气原理图和工艺要求绘制主电路及变频器、PLC 的接线图，确定 I/O 分配表。

5. 能进行运料小车的参数和程序设计，并写出变频器参数表，绘制 PLC 梯形图，制作小车自动往返监控画面。

6. 能按图纸、工艺要求、安全规程要求安装接线。

7. 能正确填写任务单的验收项目，并交付验收。

8. 能以小组形式，正确规范撰写关于学习过程和实训成果的总结并汇报。

9. 能采用多种形式进行成果展示。

建议课时

60 课时

工作流程与活动

教学活动 1：明确工作任务

教学活动 2：勘察施工现场

教学活动 3：施工前的准备

教学活动 4：现场施工

教学活动 5：施工项目验收

教学活动6：工作总结与评价

工作情景描述

某环保砖厂由于生产需求，要在自动化生产线上设计一套小车运料系统。用户要求采用PLC和变频器各一台对它们进行送料控制，并通过MCGS监控画面进行操作。现总工程师将PLC主机和变频器的安装、MCGS监控画面的制作任务交给我院电控系维修电工电气安装小组，请按照控制要求，设计安装方案并施工，完成后交付项目负责人验收。

教学活动一　明确工作任务

学习目标

能阅读工作任务联系单，明确项目任务、工时、工作内容，服从工作安排。

学习场地

教室

学习课时

4 课时

学习过程

请认真阅读工作情景描述，查阅相关资料，依据客户的安装要求进行现场观察和描述，组织语言自行填写工作任务联系单（见表 5－1）。

表 5－1　工作任务联系单

<table>
<tr><td colspan="6">安装记录</td></tr>
<tr><td>安装部门</td><td></td><td>安装人</td><td></td><td>联系电话</td><td></td></tr>
<tr><td>安装级别</td><td colspan="2">特急□　急□　一般□</td><td>希望完工时间</td><td colspan="2">年　　月　　日以前</td></tr>
<tr><td>所需设备</td><td></td><td>设备编号</td><td></td><td>安装时间</td><td></td></tr>
<tr><td>安装状况</td><td colspan="5"></td></tr>
<tr><td>客户要求</td><td colspan="5"></td></tr>
</table>

续 表

<table>
<tr><td colspan="6">安装记录</td></tr>
<tr><td colspan="2">接单人及时间</td><td colspan="2"></td><td>预定完工时间</td><td></td></tr>
<tr><td colspan="2">派工</td><td></td><td></td><td></td><td></td></tr>
<tr><td colspan="2">安装要求</td><td colspan="4"></td></tr>
<tr><td colspan="2">安装情况</td><td colspan="4"></td></tr>
<tr><td colspan="2">安装起止时间</td><td colspan="2"></td><td>工时总计</td><td></td></tr>
<tr><td colspan="2">安装人员建议</td><td colspan="4"></td></tr>
<tr><td colspan="6">验收记录</td></tr>
<tr><td rowspan="2">验收项目</td><td>安装开始时间</td><td></td><td>完工时间</td><td colspan="2"></td></tr>
<tr><td colspan="5">安装人员工作态度是否端正：是 □ 否□
本次安装是否已解决问题：是 □ 否 □
是否按时完成：是 □ 否 □
客户评价：非常满意□ 基本满意□ 不满意□
客户意见及建议：

验收人： 日期：</td></tr>
</table>

引导问题 1：工作任务联系单中安装记录部分由谁填写？该部分的主要内容是什么？

引导问题 2：工作任务联系单中验收项目部分应该由谁填写？该部分的主要内容是什么？

引导问题 3：在填写完工作任务联系单后你是否有信心完成此工作？要完成此工作你认为还欠缺哪些知识和技能？

教学活动二　勘察施工现场

学习目标

1. 能准确描述施工现场特征。
2. 能读懂电路原理图，并绘制施工图，正确描述施工现场特征。

学习场地

施工现场

学习课时

12 课时

学习过程

阅读电路原理图，勘察施工现场，描述现场的特征，并绘制出施工图。

引导问题 1：描述施工现场特征。

小词典

运料小车是工业生产送料的主要设备之一。小车通常采用电动机驱动，电动机正转小车前进，电动机反转则小车后退。

图 5－1 是一个运料小车工作示意图。系统的设计要求为：送料车前进和后退用开关来控制。在装料和卸料的地方由限位开关来实现，当小车到达卸料处时，碰到限位开关 SQ_2，实现小车的停车和卸料动作；当小车到达装料处时，触发限位开关 SQ_1，实现小车的装料动作。

工作过程：

（1）第一次按下送料按钮，预先装满料的小车前进送料到达卸料处（SQ_2）自动停下来卸料。

（2）经过卸料所需设定的时间 t_2 延时后，小车则自动返回到装料处（SQ_1）。

（3）经过装料所需设定的时间 t_1 延时后，小车自动地再次前进送料，卸完料后小车又自动返回装料，如此自动往返循环送料。当输入停止信号时，系统将停止运行。工作过程如图 5－2 所示。

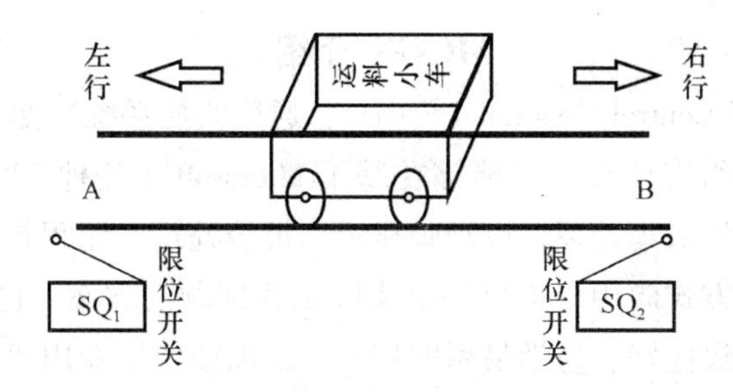

图 5－1　运料小车工作原理图

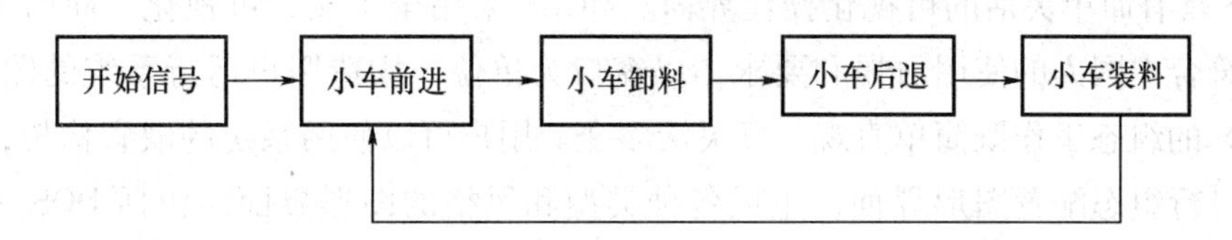

图 5－2　运料小车工作示意图

引导问题 2：运料小车在自动化生产线上运动的控制要求有哪些？

引导问题 3：运料小车的安装和调试在什么地点进行？

引导问题 4：了解所选用西门子 MM440 系列变频器和 S7－200 系列 PLC、MCGS 画面制作的原理，简述所选设备的供电方式。

小词典

MCGS 介绍

MCGS（Monitor and Control Generated System，通用监控系统）是一套用于快速构造和生成计算机监控系统的组态软件，它能够在基于 Microsoft（各种 32 位 Windows 平台上）运行，通过对现场数据的采集处理，以动画显示、报警处理、流程控制、实时曲线、历史曲线和报表输出等多种方式向用户提供解决实际工程问题的方案，它充分利用了 Windows 图形功能完备、界面一致性好、易学易用的特点，比以往使用专用机开发的工业控制系统更具有通用性，在自动化领域有着更广泛的应用。

MCGS 具有简单灵活的可视化操作界面。MCGS 采用全中文、可视化、面向窗口的开发界面，符合中国人的使用习惯和要求，以窗口为单位，构造用户运行系统的图形界面，使得 MCGS 的组态工作既简单直观，又灵活多变。用户可以使用系统的缺省构架，也可以根据需要自行组态配置图形界面，生成各种类型和风格的图形界面，包括 DOS 风格的图形界面、标准 Windows 风格的图形界面并且带有动画效果的工具条和状态条等。

1. MCGS 的构成

MCGS 系统包括组态环境和运行环境两个部分。用户的所有组态配置过程都在组态环境中进行，组态环境相当于一套完整的工具软件，它帮助用户设计和构造自己的应用系统。用户组态生成的结果是一个数据库文件，称为组态结果数据库。

运行环境是一个独立的运行系统，它按照组态结果数据库中用户指定的方式进行各种处理，完成用户组态设计的目标和功能。运行环境本身没有任何意义，必须与组态结果数据库一起作为一个整体，才能构成用户应用系统。一旦组态工作完成，运行环境和组态结果数据库就可以离开组态环境而独立运行在监控计算机上。组态结果数据库完成了 MCGS 系统从组态环境向运行环境的过渡，它们之间的关系如图 5 -3 所示：

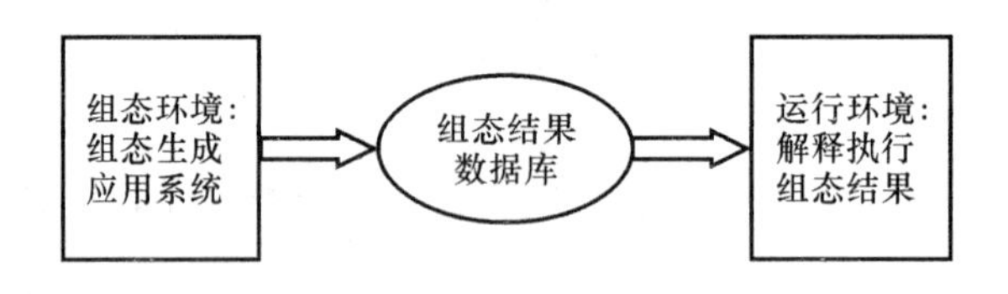

图 5 -3　MCGS 关系图

2. 计算机最低硬件要求（推荐配置）

MCGS 嵌入版组态软件的设计目标是高档 PC 机和高档操作系统，充分利用高档 PC 兼容机的低价格、高性能来为工业应用级的用户提供安全可靠的服务。

CPU：使用相当于 Intel 公司的 Pentium 233 或以上级别的 CPU；

内存：当选用 Windows 7 操作系统时，系统内存应在 512MB 以上；
显卡：Windows 系统兼容，含有 1MB 以上的显示内存，可工作于分辨率为 1 024 × 768；
硬盘：MCGS 嵌入版组态软件占用的硬盘空间约为 210 MB。

3. 行程开关原理

行程开关是位置开关（又称限位开关）的一种，是常用的小电流主令电器。利用生产机械运动部件的碰撞使其触头动作来实现接通或分断控制电路，达到一定的控制目的。通常，这类开关被用来限制机械运动的位置或行程，使运动机械按一定位置或行程自动停止、反向运动、变速运动或自动往返运动等。

在电气控制系统中，位置开关的作用是实现顺序控制、定位控制和位置状态的检测。用于控制机械设备的行程及限位保护。构造：由操作头、触点系统和外壳组成。

在实际生产中，将行程开关安装在预先安排的位置，当装于生产机械运动部件上的模块撞击行程开关时，行程开关的触点动作，实现电路的切换。因此，行程开关是一种根据运动部件的行程位置而切换电路的电器，它的作用原理与按钮类似。

其符号定义如图 5 – 4。

图 5 – 4　行程开关符号

其按结构可分为直动式、滚轮式、微动式和组合式。这里不再一一列举。

4. S7 – 200 基本硬件接口

S7 – 200CPU 将一个微处理器、一个集成的电源和若干数字量 I/O 点集成在一个紧凑的封装中，组成一个功能强大的 PLC。西门子提供多种类型的 CPU 以适应各种应用要求。不同类型的 CPU 具有不同的数字量 I/O 点数、内存容量等规格参数。

目前提供的 S7 – 200CPU 有：CPU 221，CPU 222，CPU 224，CPU 226 和 CPU 226XM。本实验采用的是 CPU 226。

S7 – 200CPU 外形如图 5 – 5 所示。

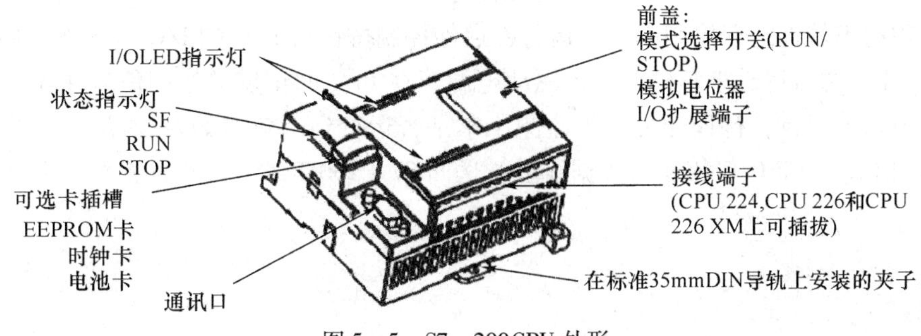

图 5 – 5　S7 – 200CPU 外形

其 CPU 规格如表 5－2 所示。

表 5－2　S7－200CPU 规格

特性	CPU 221	CPU 222	CPU 224	CPU 224XP	CPU 226
外形尺寸	90×80×62	90×60×62	120.5×80×62	140×80×62	190×80×62
程序存储器： 可在运行模式下编辑 不可在运行模式下编辑	4 096 字节 4 096 字节	4 096 字节 4 096 字节	8 192 字节 12 288 字节	12 288 字节 16 384 字节	16 384 字节 24 576 字节
数据存储区	2 048 字节	2 048 字节	8 192 字节	10 240 字节	10 240 字节
掉电保持时间	50 小时	50 小时	100 小时	100 小时	100 小时
本机 I/O 数字量 模拟量	6 入/4 出	8 入/6 出	14 入/10 出	14 入/10 出 2 入/1 出	24 入/16 出
扩展模块数量	0 个模块	2 个模块 1	7 个模块 1	7 个模块 1	7 个模块 1
高速模块数量 单相 双相	4 路 30 kHz 2 路 20 kHz	4 路 30 kHz 2 路 20 kHz	6 路 30 kHz 4 路 20 kHz	4 路 30 kHz 2 路 200 kHz 3 路 20 kHz 1 路 100 kHz	6 路 30 kHz 4 路 20 kHz
脉冲输出（DC）	2 路 20 kHz	2 路 20 kHz	2 路 20 kHz	2 路 100 kHz	2 路 20 kHz
模拟电位器	1	1	2	2	2
实时时钟	配时钟卡	配时钟卡	内置	内置	内置
通信口	1　RS－485	1　RS－485	1　RS－485	2　RS－485	2　RS－485
浮点数运算	有				
I/O 映象区	256（128 入/128 出）				
布尔指令执行速度	0.22μs/指令				

5. 基于 S7－200PLC 的物料运送小车控制系统原理

系统结构图如图 5－6 所示。计算机负责与 S7－200PLC 通信，下载程序和在线程序监控，以及用组态软件远程控制小车的运行，启停控制按钮与 PLC 的 I/O 口相连，用于控制小车的启/停，物料运送小车模块自带驱动电源，在 PLC 的正反转控制信号作用下驱动小车在预定轨道上运行，行程开关用于监测小车是否运行到了轨道的左/右端，并将检测信号反映在与 PLC 的 I/O 口相连的数据线上，送回 S7－200 PLC。PLC 再根据检测信号做出相应的动作。

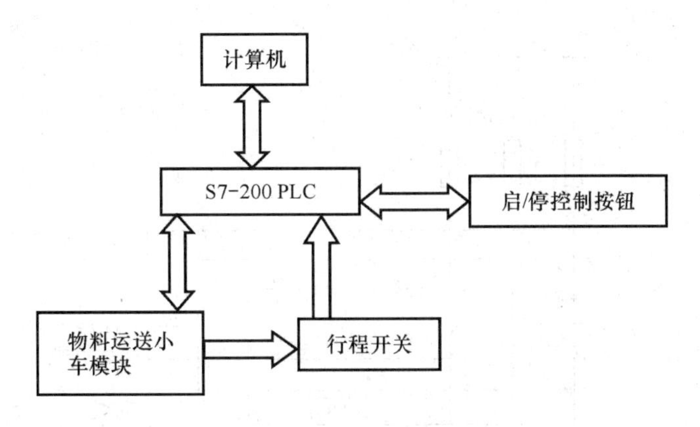

图 5-6　系统结构图

本实验的硬件连接设置如下：

启动 SB1 接 I0.1　　+24～24 V
停止 SB2 接 I0.0　　0～0 V
蓝色插孔（行程开关右侧）
左边接 I0.3
右边接 I0.4，另一端接 0 V
向右运动的 + 极接　Q0.0
向左运动的 + 极接　Q0.1
- 极接　24 V

6. I/O 分配表（参考表 5-3）

表 5-3　I/O 分配表

输入点	输入点作用	输出点	输出点作用
I0.0	启动按钮 SB_0	Q0.0	前进 KM_1
I0.1	停止按钮 SB_1	Q0.1	卸料 KM_2
I0.2	前进限位开关 SQ_2	Q0.2	后退 KM_3
I0.3	后退限位开关 SQ_1	Q0.3	装料 KM_4

7. 运料小车原理图（图 5-7）

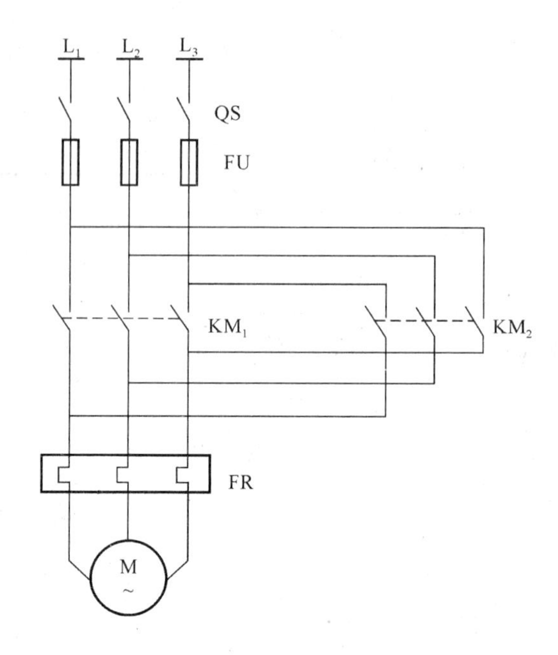

图 5-7　小车往返控制的主电路原理

引导问题 5：绘制出传送系统的工作原理图。

引导问题 6：请小组长将各成员分析的工作原理进行汇总、讨论，并展示。

教学活动三　施工前的准备

学习目标

1. 熟悉昆仑通态触摸屏的接线，能制作出简单的 MCGS 监控画面并与 PLC 进行通信。
2. 了解 PLC、变频器工作原理，MCGS 画面制作过程。
3. 理解 PLC、变频器和昆仑通态触摸之间接线原理。
4. 能根据勘察结果，列举所需工具和材料清单，制订工作计划。

学习场地

教室

学习课时

12 课时

学习过程

查阅相关资料，回答下列问题，为施工做好准备。

引导问题 1：PLC 有哪些常用基本指令？这里是否用到定时器指令的相关知识？

引导问题 2：运料小车控制系统用到哪些软件？如何确定 MM440 变频器参数？

引导问题 3：你了解 MCGS 吗？它具有什么功能？应用场合主要是什么？

小词典

1. 理论知识

1）MCGS 软件安装

运行根目录中的 Autorun. exe 文件，MCGS 安装程序窗口如图 5－8 所示：

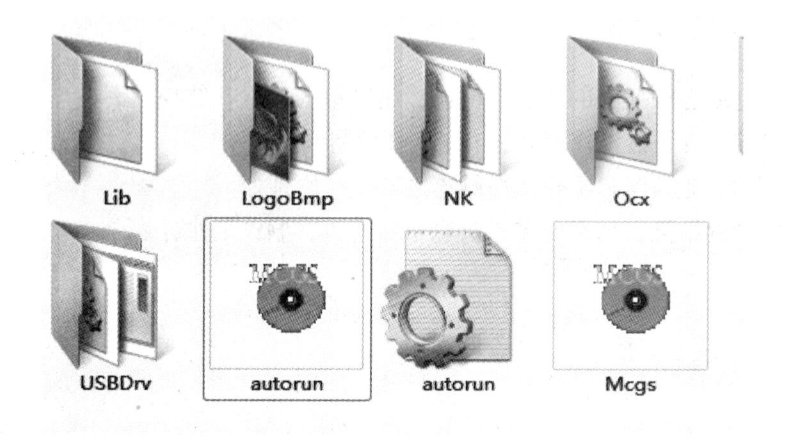

图 5－8　在安装程序窗口中双击“安装组态软件”

弹出安装程序窗口，如图 5－9。单击“下一步”，启动安装程序，如图 5－10。

图 5－9　程序安装窗口

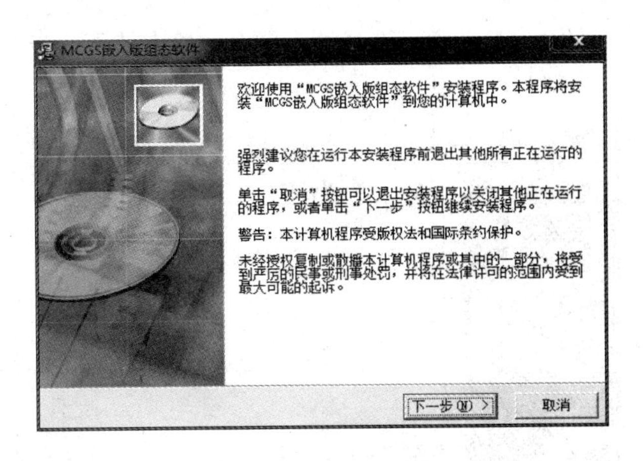

图 5 – 10　程序安装说明

按提示步骤操作，随后，安装程序将提示指定安装目录，用户不指定时，系统缺省安装到 D：\ MCGSE 目录下，建议使用缺省目录，如图 5 – 11 所示，系统安装需要几分钟；

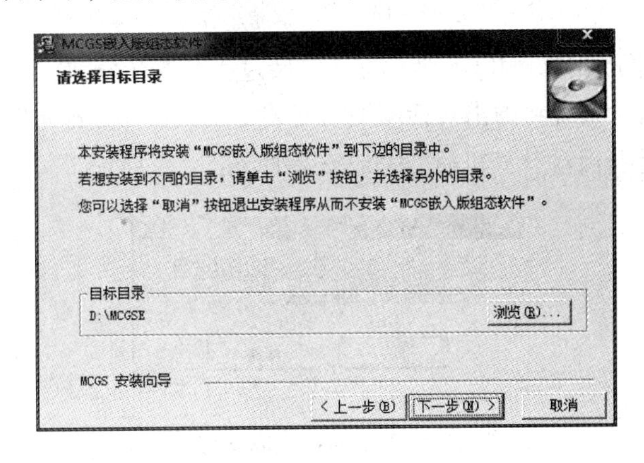

图 5 – 11　程序安装目录设置

MCGS 嵌入版主程序安装完成后，继续安装设备驱动，选择"是"，如图 5 – 12 所示。

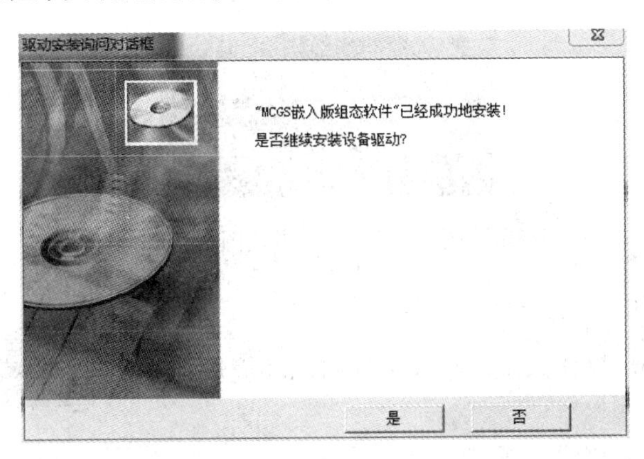

图 5 – 12　设备驱动安装界面

单击下一步，进入驱动安装程序，选择所有驱动，单击“下一步”安装，如图 5 - 13 所示。

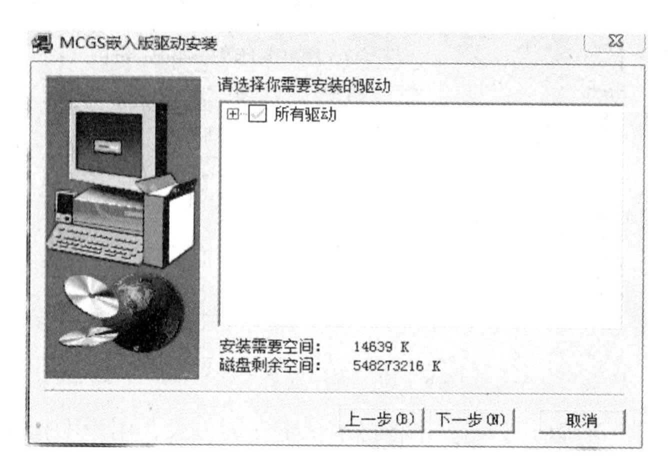

图 5 - 13　驱动安装选择

选择好后，按提示操作，MCGS 驱动程序安装过程需要几分钟。

安装过程完成后，系统将弹出对话框提示安装完成，选择立即重新启动计算机或稍后重新启动计算机（重新启动计算机后，完成安装）如图 5 - 14。

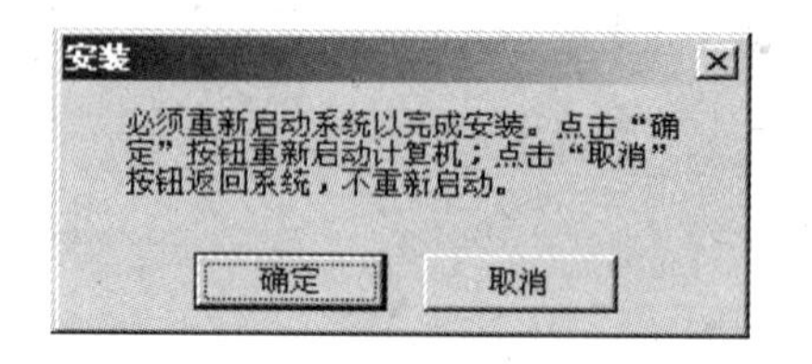

图 5 - 14　重启完成安装

安装完成后，Windows 操作系统的桌面上添加了如图 5 - 15 所示的两个快捷方式图标，分别用于启动 MCGS 嵌入式组态环境和模拟运行环境。

图 5 - 15　快捷方式图标

2）工程建立

鼠标双击 Windows 操作系统的桌面上的组态环境快捷方式 ，可打开嵌入版组态软件，然后按如下步骤建立通信工程：

单击文件菜单中“新建工程”选项，弹出“新建工程设置”对话框，如图 5－16。TPC 类型选择为“TPC7062KS”，单击确认。

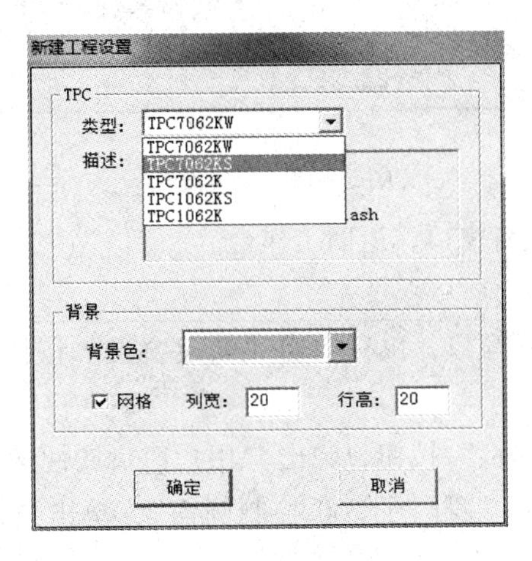

图 5－16 “新建工程设置”对话框

选择文件菜单中的“工程另存为”菜单项，弹出文件保存窗口。

在文件名一栏内输入“TPC 通信控制工程”，单击“保存”按钮，工程创建完毕。

（1）设备组态

① 在工作台中激活设备窗口，鼠标双击 设备窗口 进入设备组态画面，单击工具条中的 打开“设备工具箱”，如图 5－17。

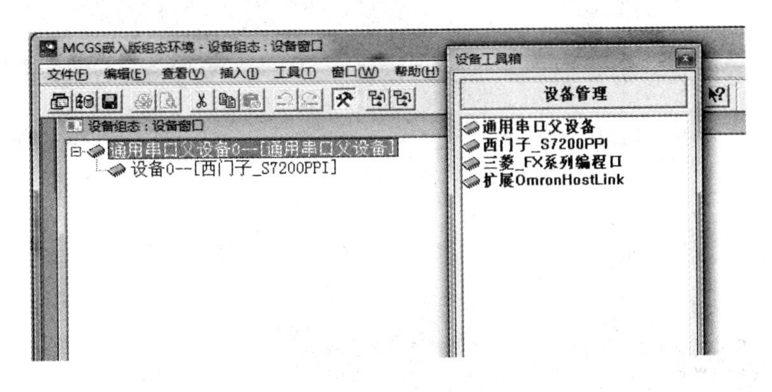

图 5－17 “设备工具箱”框图

② 在设备工具箱中，鼠标按顺序先后双击“通用串口父设备”和“西门子_S7200PPI”添加至组态画面窗口，提示是否使用西门子默认通信参数设置父设备，如图 5－18，选择“是”。

图 5－18　通信设置

所有操作完成后关闭设备窗口，返回工作台。

（2）窗口组态

① 在工作台中激活用户窗口，鼠标单击“新建窗口”按钮，建立新画面“窗口 0”，如图 5－19 所示。

② 接下来单击“窗口属性”按钮，弹出“用户窗口属性设置”对话框，在基本属性页，将“窗口名称”修改为“西门子 200 控制画面”，单击“确认”保存，如图 5－20 所示。

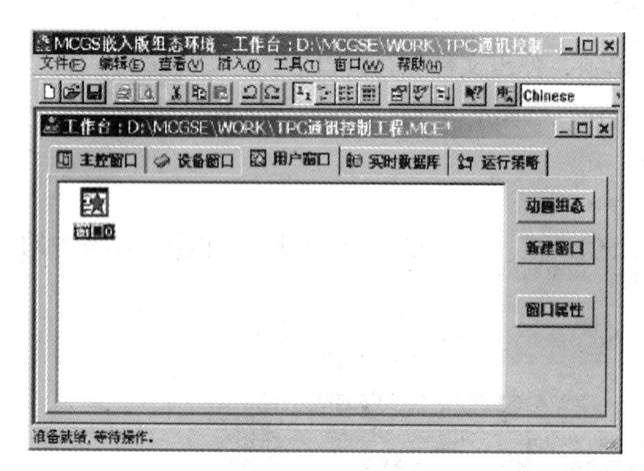

图 5－19　新建用户窗口

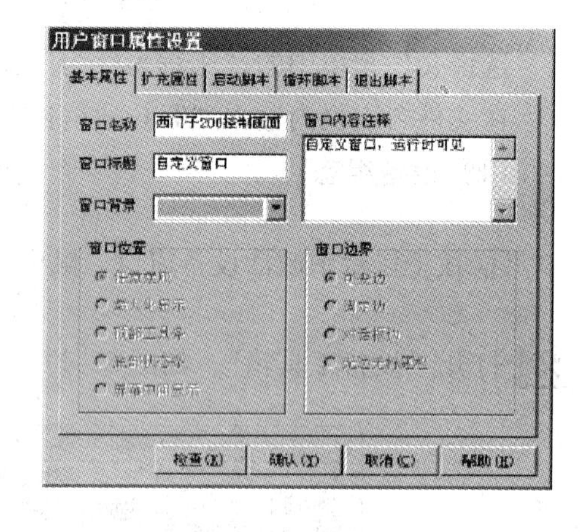

图 5－20　用户窗口属性设计

③ 在用户窗口双击 西门子200控制画面 进入“动画组态西门子 200 控制画面”，单击 打开“工具箱”。

④ 建立基本元件

a. 按钮：从工具箱中单击“标准按钮”构件，在窗口编辑位置按住鼠标左键拖放出一定大小后，松开鼠标左键，这样一个按钮构件就绘制在窗口中，如图 5－21 所示。

接下来双击该按钮打开“标准按钮构件属性设置”对话框，在基本属性页中将“文本”修改为 Q0.0，单击“确认”按钮保存，如图 5－22 所示。

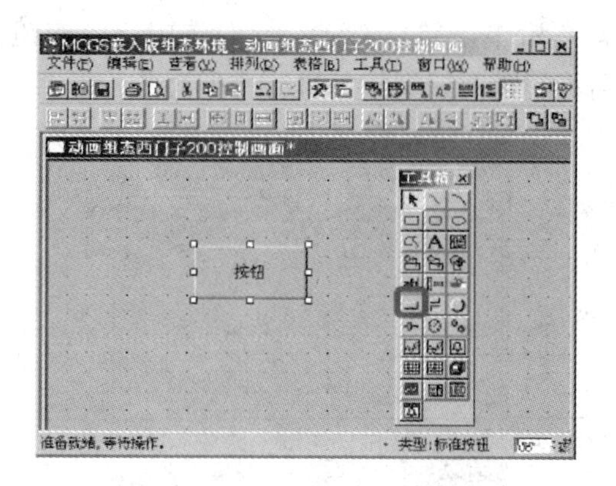

图 5 - 21　绘制按钮构件

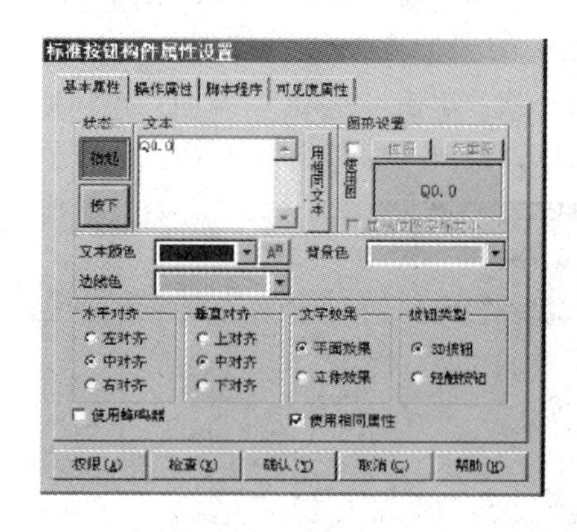

图 5 - 22　标准按钮构件属性设置

按照同样的操作分别绘制另外两个按钮，文本修改为 Q0.1 和 Q0.2，完成后如图5 - 23所示。

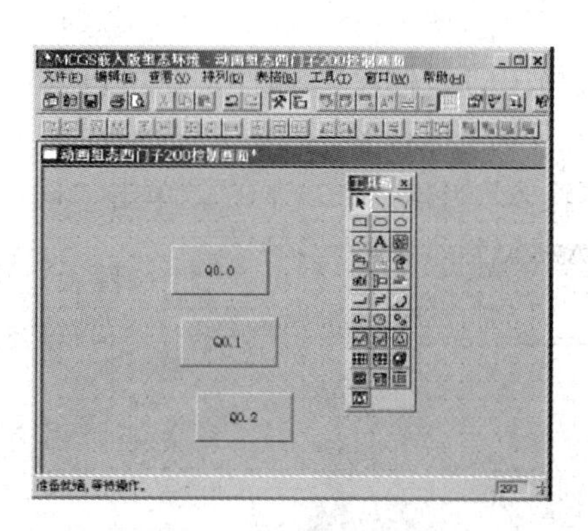

图 5 - 23　绘制另外两个按钮

按住键盘的 Ctrl 键，然后单击鼠标左键，同时选中三个按钮，使用工具栏中的等高宽、左（右）对齐和纵向等间距对三个按钮进行排列对齐，如图 5－24 所示。

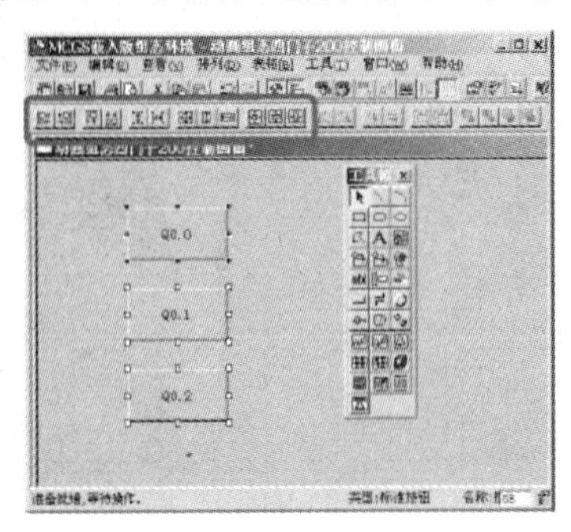

图 5－24　三个按钮排列对齐

b. 指示灯：单击工具箱中的“插入元件”按钮，打开“对象元件库管理”对话框，选中图形对象库指示灯中的一款，单击“确认”添加到窗口画面中。并调整到合适大小，同样的方法再添加两个指示灯，摆放在窗口中按钮旁边的位置，如图 5－25。

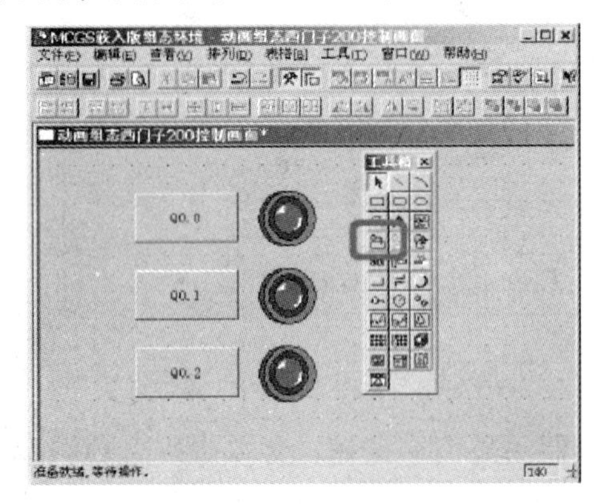

图 5－25　添加指示灯

c. 标签：单击选中工具箱中的“标签”构件，在窗口按住鼠标左键，拖放出一定大小“标签”，如图 5－26。然后双击该标签，弹出“标签动画组态属性设置”对话框，在扩展属性页，在“文本内容输入”中输入“VW0”，单击“确认”，如图 5－27。

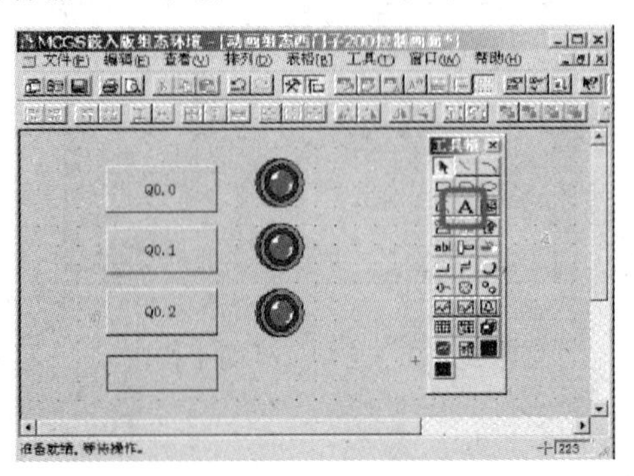

图 5－26　拖放“标签”

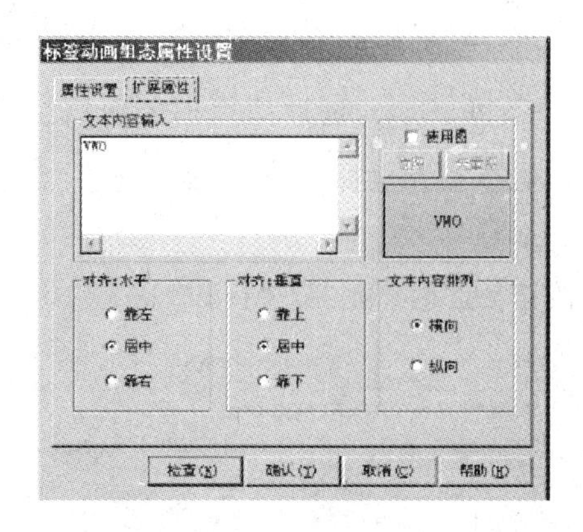

图 5－27　标签动画组态属性设置

同样的方法，添加另一个标签，文本内容输入“VW2”，如图 5－28。

d. 输入框：单击工具箱中的“输入框”构件，在窗口按住鼠标左键，拖放出两个一定大小的“输入框”，分别摆放在“VW0”“VW2”标签的旁边位置，如图 5－29。

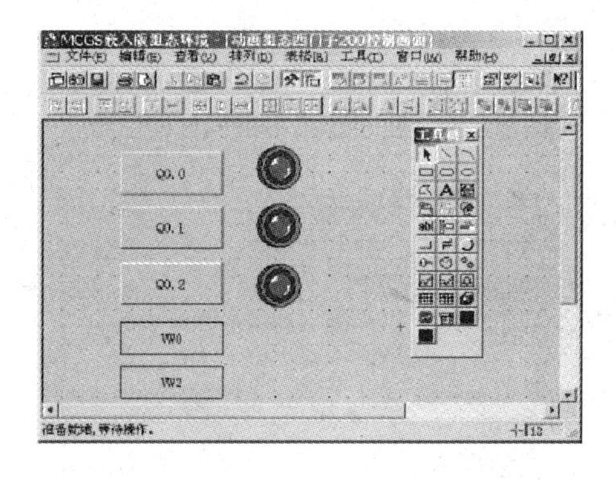

图 5－28　添加另一个标签

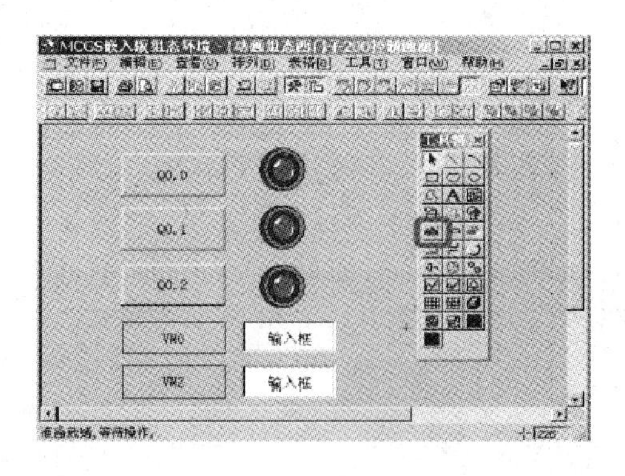

图 5－29　绘制输入框

⑤ 建立数据链接

a. 按钮：双击 Q0.0 按钮，弹出“标准按钮构件属性设置”对话框，如图 5－30，在操作属性页，默认“抬起功能”按钮为按下状态，勾选“数据对象值操作”，选择“清0”，单击 ? 弹出“变量选择”对话框，选择“根据采集信息生成”，通道类型选择“Q寄存器”，通道地址为“0”，数据类型选择“通道第00位”，读写类型选择“读写”，如图5-31，设置完成后单击“确认”。

设置完成后，在Q0.0按钮抬起时，对西门子200的Q0.0地址“清0”，如图5-32。

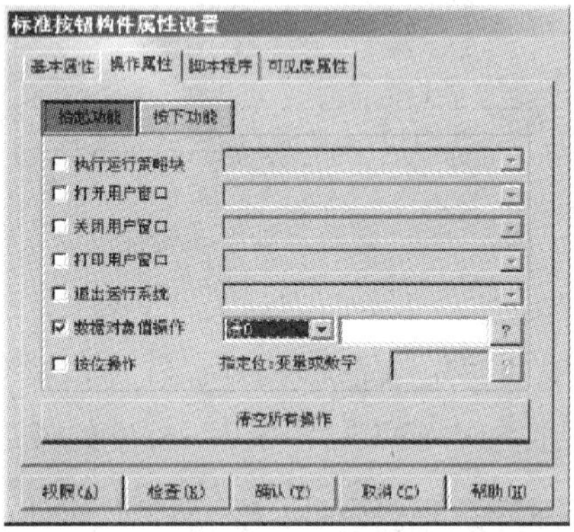

图5-30　标准按钮构件属性对话框

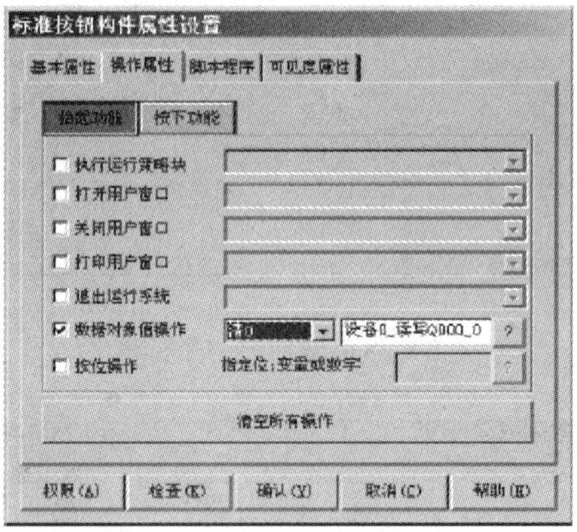

图5-31　按钮设置

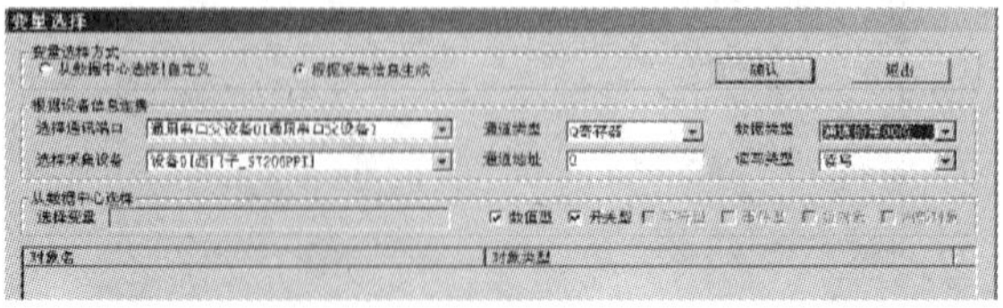

图5-32“清0”设置

同样的方法，单击“按下功能”按钮，进行设置：“数据对象值操作→置1→设备0_读写Q000_ 0”，如图5-33。分别对Q0.1和Q0.2的按钮进行设置。

Q0. 1 按钮→“抬起功能”时“清 0”；“按下功能”时“置 1”→变量选择→Q 寄存器，通道地址为 0，数据类型为通道第 01 位。

Q0. 2 按钮→“抬起功能”时“清 0”；“按下功能”时“置 1”→变量选择→Q 寄存器，通道地址为 0，数据类型为通道第 02 位。

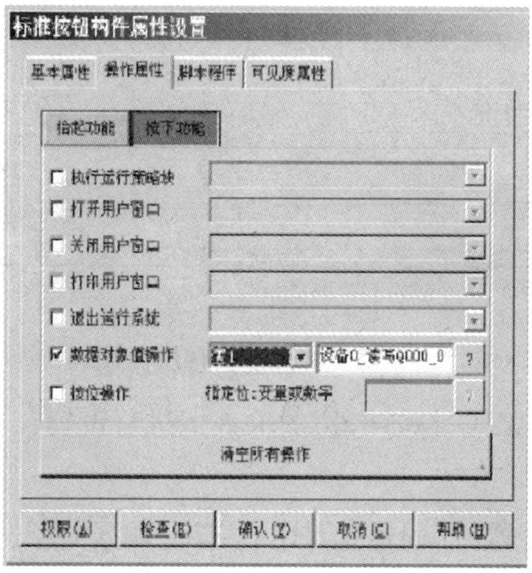

图 5 – 33　Q0. 1 和 Q0. 2 按钮设置

b. 指示灯：双击 Q0. 0 旁边的指示灯构件，弹出“单元属性设置”对话框，在数据对象页，单击 [?] 选择数据对象“设备 0_ 读写 Q000_ 0”，如图 5 – 34。同样的方法，将 Q0. 1 按钮和 Q0. 2 按钮旁边的指示灯分别连接变量“设备 0_ 读写 Q000_ 1”和“设备 0_ 读写 Q000_ 2”。

图 5 – 34　指示灯设置

c. 输入框：双击“VW0”标签旁边的输入框构件，弹出“输入框构件属性设置”对话框，再操作属性页，单击 ? 进入“变量选择”对话框，选择“根据采集信息生成”，通道类型选择“V 寄存器”；通道地址为“0”；数据类型选择“16 位无符号二进制”；读写类型选择“读写”，如图 5－35。设置完成后单击“确认”。

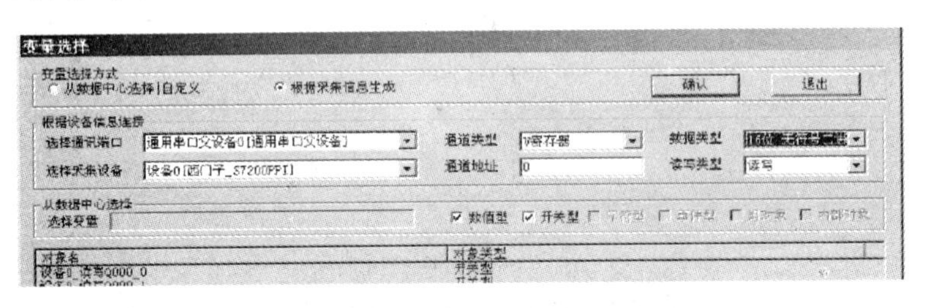

图 5－35　输入框构件属性设置

同样的方法，双击“VW2”标签旁边的输入框进行设置，在操作属性页，选择对应的数据对象：

通道类型选择“V 寄存器”；通道地址为“2”；数据类型选择“16 位无符号二进制”；读写类型选择“读写”，组态完成。

引导问题 4：简述 MCGS 监控画面与 S7－200 PLC 联机控制的注意事项。

引导问题 5：查阅相关资料，编写本次安装工程的施工计划。

引导问题 6：请列举所要用的工具、材料清单，并进行人员分工。

1. 人员分工（表 5－4）

表 5－4　人员分工

姓名	工作任务	备注

2. 工具及材料清单（表 5－5）

表 5－5　工具及材料清单

序号	工具或材料名称	单位	数量	备注

教学活动四　现场施工

学习目标

1. 能正确设置工作现场必要的安全标识和隔离措施。

2. 能进行运料小车的相关参数设置，程序编写，MCGS 监控画面制作并写出参数表绘制梯形图。

3. 能按图纸、工艺要求、安全规程要求安装接线并进行模拟调试，达到设计要求。

4. 能在作业完毕后清点、整理工具，收集剩余材料，清理工程垃圾，拆除防护措施。

学习场地

教室

学习课时

12 课时

学习过程

通过前面勘察现场与施工准备，已经确定安装方案，请根据图纸、工艺要求、安全规程要求写出 I/O 分配表，画出 PLC 与变频器联机的接线图，制作 MCGS 监控画面，并安装接线，编写 PLC 控制程序，设置变频器参数，最后调试系统直至完成控制要求。

引导问题 1：根据勘察现场收集到的传送带作业流程编写 I/O 分配表，见表 5 -6。

表 5 -6　I/O 分配表

输入			输出		
输入继电器	元件代号	作用	输出继电器	元件代号	作用

引导问题 2：请根据前面所学过的变频器相关知识，结合本工程的安装要求，绘制出 PLC 和变频器、昆仑通态触摸屏的联机接线图。

引导问题 3：根据现场特点，应该采取哪些安全、文明作业措施？

引导问题 4：在这个工程中，PLC 和变频器的安装接线、MCGS 监控画面制作有哪些注意事项？

引导问题 5：在安装工具的使用过程中应该注意哪些问题？

引导问题 6：接线检查完毕后，根据任务要求编写 PLC 程序，输入西门子 MM440 变频器参数。

引导问题 7：通电调试应该注意哪些安全事项？

引导问题 8：编写你的调试步骤。

小词典

1. 工程的建立和变量的定义

（1）首先双击桌面 MCGS 组态环境图标，进入组态环境，屏幕中间窗口为工作台。

（2）单击文件菜单中“新建工程”选项，自动生成新建工程，默认的工程名为“新建工程 0. MCG”。

（3）选择文件菜单中的“工程另存为”菜单项，弹出文件保存窗口。

（4）在文件名一栏内输入“运料小车动态画面”，单击“保存”按钮，工程创建完毕，如图 5－36 所示。

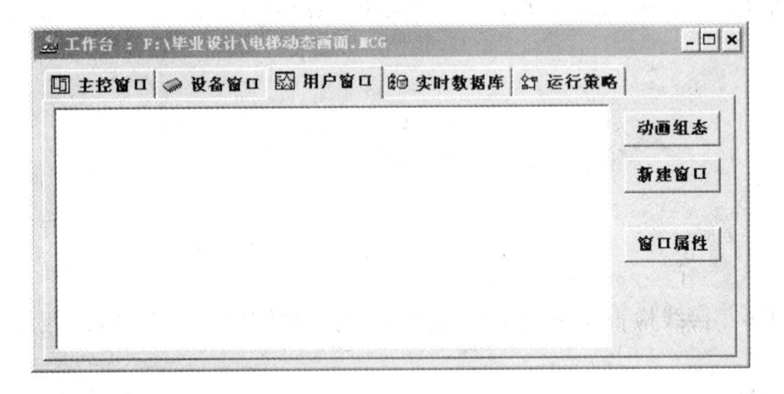

图 5－36　运料小车工程建立窗口

在 MCGS 中，变量也叫数据对象。实时数据库是 MCGS 工程的数据交换和数据处理中心。数据对象是构成实时数据库的基本单元，建立实时数据库的过程也就是定义数据对象的过程。定义数据对象的内容主要包括：指定数据变量的名称、类型、初始值和数值范围确定与数据变量存盘相关的参数，如存盘的周期、存盘的时间范围和保存期限等。

2. 变量定义的步骤

（1）单击工作台中的“实时数据库”选项卡，进入“实时数据库”窗口页，如图5－35所示。窗口中列出了系统已有变量“数据对象”的名称。其中一部分为系统内部建立的数据对象。现在要将表中定义的数据对象添加进去。

（2）单击工作台右侧“新增对象”按钮，在窗口的数据对象列表中，增加了一个新的数据对象，如图5－37和图5－38所示。

（3）选中该数据对象，按“对象属性”按钮，或双击选中对象，则打开“数据对象属性设置”窗口。

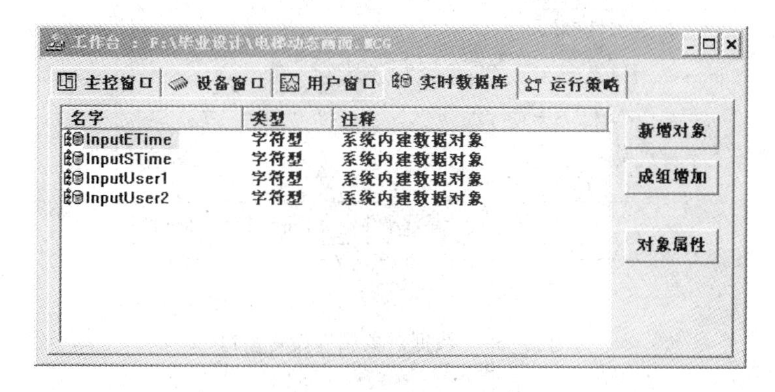

图5－37　实时数据库窗口

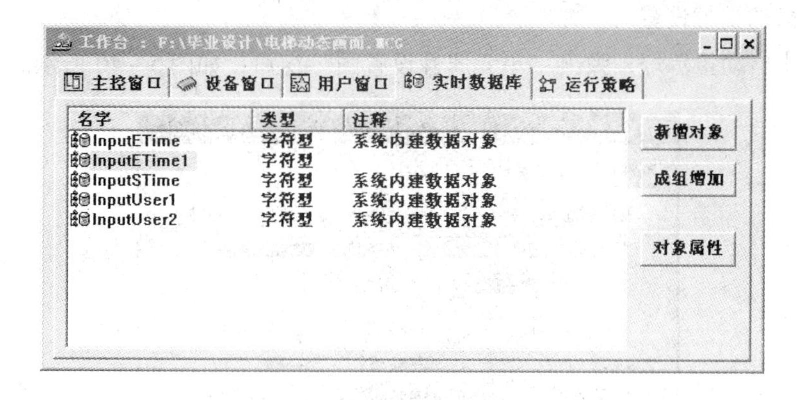

图5－38　实时数据库窗口

（4）将“对象名称”改为：启动按钮；“对象初值”改为：0；“对象类型”选择：开关型。

（5）单击“确认”，如图 5－39 所示。

（6）按照步骤图 5－37 至图 5－39，根据上面列表，设置其他数据对象。

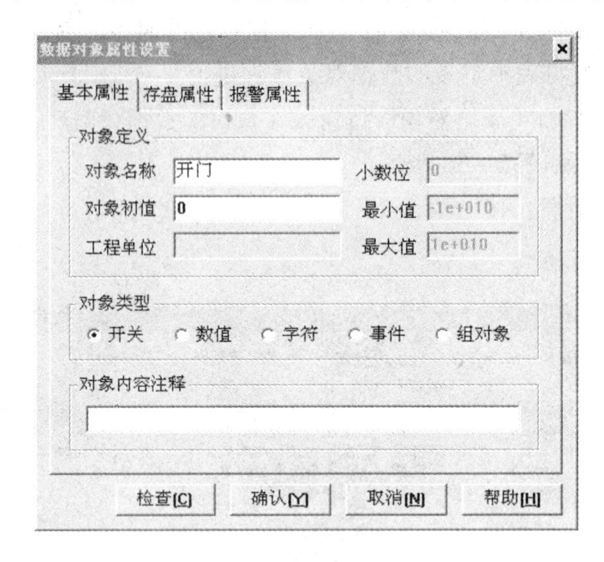

图 5－39　数据对象属性设置窗口

（7）单击“保存”按钮。

3. 指示灯的属性设置

（1）双击启动指示灯，弹出“单元属性设置图”窗口，如图 5－40 所示。

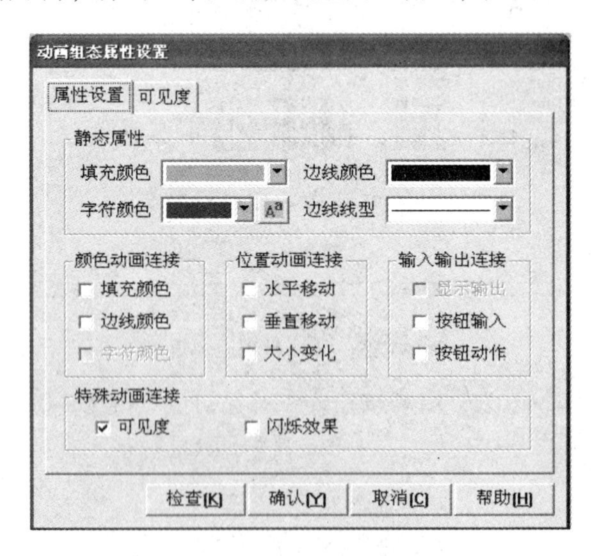

图 5－40　指示灯属性设置

（2）单击“动画连接”选项卡，进入该页。

（3）单击“组合图符”，出现“?”“>”按钮。

（4）单击“>”按钮，弹出“动画组态属性设置”窗口。单击“属性设置”选项卡，进入该页，如图5－40所示。

（5）选中“可见度”选项卡，其他项不选。

4. MCGS与PLC的连接

设备窗口是MCGS组态设计的重要组成部分，负责建立系统与外部硬件设备的连接，使得MCGS能从外部设备读取数据并控制外部设备的工作状态，实现对工业过程的实时监控。

在MCGS组态软件开发平台上，单击“设备窗口”，再单击“设备组态”按钮进入设备组态。在“设备工具箱”中，选中“串口通信父设备”和“西门子S7－200系列”，添加到右面已选设备并对应设备两者的属性，保持与PLC的I/O设置一致，如图5－41所示。

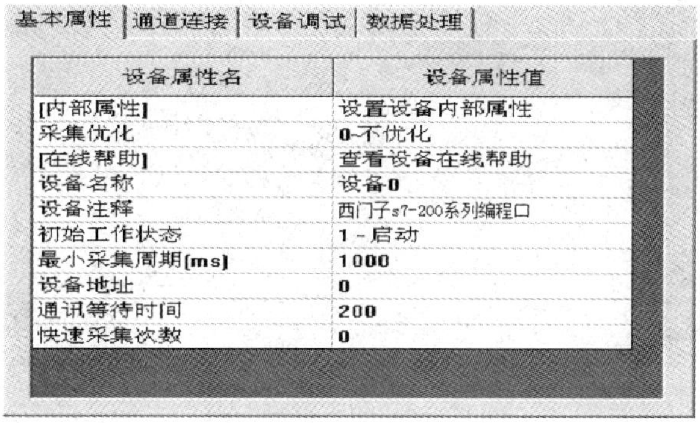

基本属性 | 通道连接 | 设备调试 | 数据处理

设备属性名	设备属性值
[内部属性]	设置设备内部属性
采集优化	0-不优化
[在线帮助]	查看设备在线帮助
设备名称	设备0
设备注释	西门子s7-200系列编程口
初始工作状态	1－启动
最小采集周期[ms]	1000
设备地址	0
通讯等待时间	200
快速采集次数	0

图5－41　MCGS与PLC连接设置

5. 编制循环策略

在“运行策略”中，双击“循环策略”进入设置界面，双击图标进入“策略属性设置”，把“循环时间”设为：200 ms。

进入脚本程序编译环境，程序如附录二。

单击“确认”退出，完成脚本程序编写。在菜单项“文件”中选“进入运行环境”或直接按工具条中图标，进入运行环境。

6. 运料小车的组态设计

当程序开始时，小车是装满料的，小车开始前进，此时组态界面的前进显示灯亮，直到小车卸料处（SQ_2）自动停下来卸料，此时组态界面的卸料显示灯亮，经过卸料所需设定的时间 t_2 延时后，车子开始后退，此时组态界面的后退显示灯亮，直到小车到达装料处（SQ_1）自动停下来装料，此时组态界面的装料显示灯亮，经过装料所需设定的时间 t_1 延时后，车子自动再次前进送料，卸完料后车子又自动返回装料，如此自动往返循环送料。当输入为停止信号时，系统将停止运行。在制作时共设置了 4 个按钮，分别为装料、前进、卸料、后退。分别双击各按钮，此时出现动画选择对话框。选择“触动链接 - 触动按钮 - 动作动画链接”，此时出现“触动 - > 动作脚本编辑器”。确保选择“条件类型 = 鼠标左键按下时（删除/键），按下时，此脚本在按下该按钮之后产生一个动作。

7. 运行调试动画界面

PLC 动画界面如下图所示，具体过程为：前进（图 5 - 42）、装料（图 5 - 43）、后退（图 5 - 44）、卸料（图 5 - 45）。

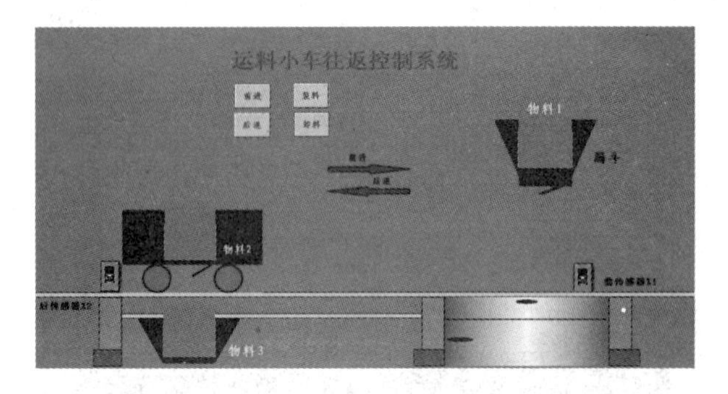

图 5 - 42　小车前进取料

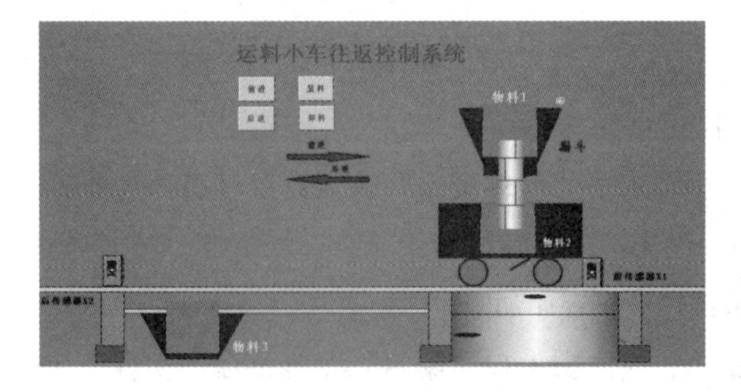

图 5 - 43　小车装料

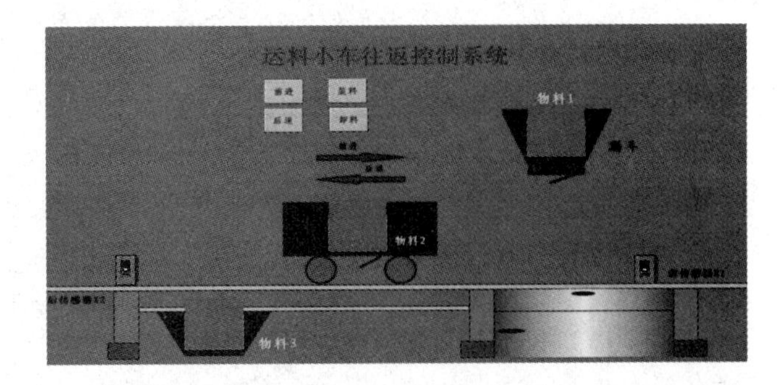

图 5-44　小车后退

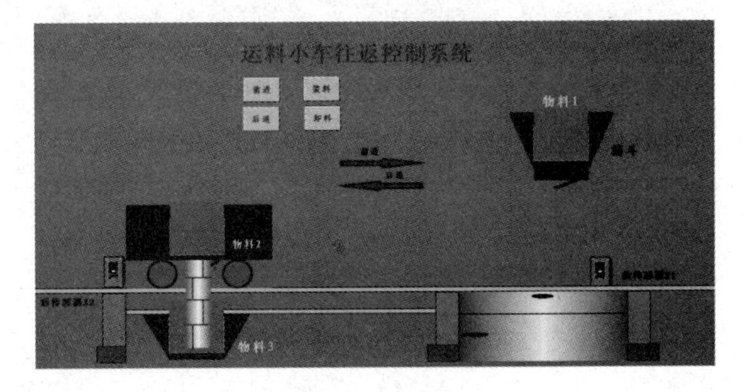

图 5-45　小车卸料

教学活动五　施工项目验收

学习目标

能正确填写任务单的验收项目，并交付验收。

学习场地

教室

学习课时

4 课时

学习过程

对任务联系单进行填写，培养交付验收过程中进行有效沟通的能力。

引导问题：完成施工后，对照自己的成果进行直观检查，完成“自检”部分内容，同时由老师安排其他同学（同组或别组同学）进行“互检”，并填写，表 5－7。

表 5－7　自检与互检表

项目	自检		互检	
	合格	不合格	合格	不合格
电动机的选择				
变频器的选择				
布线是否合理				
是否满足改造要求				
清理现场				
沟通能力				
团结协作				

教学活动六　工作总结与评价

学习目标

1. 能以小组形式，正确规范撰写关于学习过程和实识训成果的总结并汇报。
2. 能采用多种形式展示成果。
3. 完成对学习过程的综合评价。

学习场地

教室

学习课时

4 课时

学习过程

同学们以小组为单位，选择演示文稿、展电气系统板、海报、录像等形式向全班展示学习成果。

引导问题 1：请你简要叙述在运料小车电气系统的安装与调试工作中学到了什么知识。

引导问题 2：讨论总结小组在检修工作过程中还存在哪些问题，是什么原因导致的，如何改进完成表 5 – 8。

表 5 – 8　学习过程经典问题记录表

序号	经典问题	问题原因	解决方法

引导问题3：对本次任务完成情况做出个人总结并完成综合评价（如表5－9）。

表5－9　个人总结与综合评价

评价项目	评价内容	评价标准	评价方式		
			自我评价	小组评价	教师评价
职业素养	安全意识责任意识	A 作风严谨、自觉遵章守纪、出色地完成工作任务 B 能够遵守规章制度、较好地完成工作任务 C 遵守规章制度、没完成工作任务，或虽完成工作任务但未严格遵守规章制度 D 不遵守规章制度、没完成工作任务			
	学习态度	A 积极参与教学活动，全勤 B 缺勤达本任务总学时的10% C 缺勤达本任务总学时的20% D 缺勤达本任务总学时的30%			
	团队合作意识	A 与同学协作融洽、团队合作意识强 B 与同学能沟通、协同工作能力较强 C 与同学能沟通、协同工作能力一般 D 与同学沟通困难、协同工作能力较差			
专业能力	学习活动1、2明确工作任务和勘察施工现场	A 按时、完整地完成工作页，问题回答正确，数据记录准确完整 B 按时、完整地完成工作页，问题回答基本正确，数据记录基本准确 C 未能按时完成工作页，或内容遗漏、错误较多 D 未完成工作页			
	学习活动3施工前的准备	A 学习活动评价成绩为90～100分 B 学习活动评价成绩为75～89分 C 学习活动评价成绩为60～74分 D 学习活动评价成绩为0～59分			
	学习活动4现场施工	A 学习活动评价成绩为90～100分 B 学习活动评价成绩为75～89分 C 学习活动评价成绩为60～74分 D 学习活动评价成绩为0～59分			
	学习活动5施工项目验收	A 学习活动评价成绩为90～100分 B 学习活动评价成绩为75～89分 C 学习活动评价成绩为60～74分 D 学习活动评价成绩为0～59分			
创新能力		学习过程中提出具有创新性、可行性的建议	加分奖励：		
学生姓名			综合评价等级		
指导老师			日期		

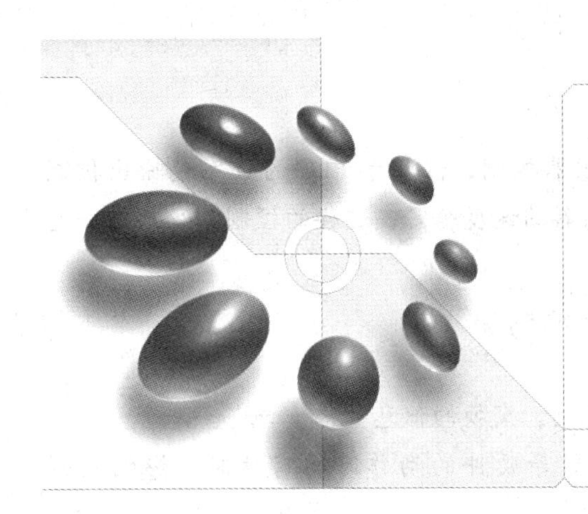

学习任务六 啤酒生产系统传动控制

学习目标

1. 能阅读工作任务联系单，明确项目任务、工时、工作内容，服从工作安排。
2. 能准确描述施工现场特征。
3. 能了解变频器USS通信协议及相关指令的功能。
4. 能了解PLC与变频器之间的通信接口及通信协议。
5. 能设置变频器参数及编写PLC控制程序。
6. 能根据勘察结果，列举出所需工具和材料清单，并制订工作计划。
7. 能正确设置工作现场必要的安全标识和隔离措施。
8. 能按图纸、工艺要求、安全规程要求安装接线。
9. 能正确填写任务单的验收项目，并交付验收。
10. 能以小组形式，正确规范撰写关于学习过程和实训成果的总结并汇报。
11. 能采用多种形式进行成果展示。

建议课时

40课时

工作流程与活动

教学活动1：明确工作任务
教学活动2：勘察施工现场
教学活动3：施工前的准备
教学活动4：现场施工
教学活动5：施工项目验收
教学活动6：工作总结与评价

工作情景描述

某啤酒生产线传动机构原先利用 PLC 与变频器控制，依赖于 PLC 的数字量输出控制变频器的启停，依靠 PLC 的模拟量输出控制变频器的速度给定，这样的控制系统存在一些技术问题：

1. 控制系统在设计时采用很多硬件，价格昂贵。

2. 现场布线多，容易引起噪声和干扰。

3. PLC 与变频器之间传输的信息受硬件的限制，交换的信息量很少。

4. 在变频器的启停控制中，继电器、接触器等硬件的动作时间有延时，影响控制精度。

5. 通常变频器的故障状态由一个接点输出，PLC 能得到变频器的故障状态，但不能准确地判断故障发生时，变频器是何种故障。

现厂家联系到我院电控系维修电工专业人员完成该生产线改造工程，要求采用 S7 - 200 PLC 通过网络控制 MM440 变频器，控制生产线传送带的电动机启停、制动停止、自由停止和正反转速度控制，并能够通过 PLC 读取、设置变频器参数。

教学活动一　明确工作任务

学习目标

能阅读工作任务联系单，明确项目任务、工时、工作内容，服从工作安排。

学习场地

教室

学习课时

4 课时

学习过程

请认真阅读工作情景描述，查阅相关资料，依据教师的故障现象描述或现场观察，组织语言自行填写工作任务联系单（见表 6-1）。（教师可分组描述不同的故障现象）

表 6-1　工作任务联系单

报修记录					
报修部门		报修人		联系电话	
报修级别	特急□　急□　一般□		希望完工时间	年　月　日以前	
故障设备		设备编号		报修时间	
故障状况					
客户要求					

续 表

<table>
<tr><td colspan="6">维修记录</td></tr>
<tr><td colspan="2">接单人及时间</td><td colspan="2"></td><td>预定完工时间</td><td></td></tr>
<tr><td colspan="2">派工</td><td></td><td></td><td></td><td></td></tr>
<tr><td colspan="2">故障原因</td><td colspan="4"></td></tr>
<tr><td colspan="2">维修类别</td><td colspan="4">小修□　　中修□　　大修□</td></tr>
<tr><td colspan="2">维修情况</td><td colspan="4"></td></tr>
<tr><td colspan="2">维修起止时间</td><td colspan="2"></td><td>工时总计</td><td></td></tr>
<tr><td colspan="2">维修人员建议</td><td colspan="4"></td></tr>
<tr><td colspan="6">验收记录</td></tr>
<tr><td rowspan="2">验收项目</td><td>维修开始时间</td><td></td><td>完工时间</td><td colspan="2"></td></tr>
<tr><td colspan="5">维修人员工作态度是否端正：是 □　否□
本次维修是否已解决问题：是 □　否 □
是否按时完成：是 □　否 □
客户评价：非常满意□　基本满意□　不满意□
客户意见及建议：

验收人：　　　日期：</td></tr>
</table>

引导问题 1：工作任务联系单中报修记录部分由谁填写？该部分的主要内容是什么？

引导问题 2：工作任务联系单中维修记录部分应该由谁填写？该部分的主要内容是什么？

引导问题 3：工作任务联系单中验收项目部分应该由谁填写？该部分的主要内容是什么？

引导问题 4：在填写完工作任务联系单后你是否有信心完成此工作？要完成此工作你认为还欠缺哪些知识和技能？

教学活动二　勘察施工现场

学习目标

1. 能准确描述施工现场特征。
2. 能正确分析生产线传动控制方式，为改造工作做好准备。

学习场地

施工现场

学习课时

4 课时

学习过程

请通过勘察现场、查阅相关资料回答下列问题。

引导问题 1：描述施工现场特征。

引导问题 2：现有生产线采用什么传动控制方式？

引导问题 3：查看电动机的型号和额定参数。

引导问题 4：分析流水线传动机构的工作原理。

引导问题 5：请小组长将各成员分析的工作原理进行汇总、讨论，并展示。

教学活动三　施工前的准备

学习目标

1. 能正确识别西门子 MM440 变频器 USS 通信协议及相关指令的功能。
2. 能根据勘察结果，列举出所需工具和材料清单，并制订工作计划。

学习场地

教室

学习课时

12 课时

学习过程

查阅相关资料，回答下列问题，为施工做好准备。

引导问题 1：请想一想，利用 S7－200 PLC 与 MM440 变频器的 USS 通信调速控制改造原有啤酒生产线传动机构需要用到哪些知识？

小词典

MM440 变频器的 USS 通信应用

1. USS 通信协议简介

USS 通信协议专用于 S7－200 PLC 和西门子公司的 Micro Master 变频器之间的通信。通信网络由 S7－200 PLC 的通信接口和变频器内置的 RS－485 通信接口及双绞线组成，且一台 S7－200 PLC 的 CPU 最多可以监控 31 台变频器。PLC 通过通信来监控变频器，接线量少，占用 PLC 的 I/O 点数少，传送的信息量大，还可以通过通信修改变频器的参数及其他信息，实现多台变频器的联动和同步控制。这是一种硬件费用低，使用方便的通信方式。

使用 USS 通信协议，用户程序可以通过子程序调用的方式实现 PLC 与变频器之间的通信，编程的工作量很小。在使用 USS 协议之前，需要先在 STEP 7 编程软件中安装

“STEP 7 – Micro/WIN 指令库”。USS 协议指令在此指令库的文件夹中，而指令库提供了 8 条指令来支持 USS 协议，调用一条 USS 指令时，将会自动增加一个或多个相关的子程序。调用的方法是打开 STEP 7 编程软件，在指令树的“指令/库/USS Protocol”文件夹中，将会出现用于 USS 协议通信的指令，用它们便可来控制变频器和读写变频器参数。用户不需要关注这些子程序的内部结构，只要将有关指令的外部参数设置好，直接在用户程序中调用它们即可。

2. USS 协议指令

USS 协议指令主要包括 USS_ INIT、USS_ CTRL、USS_ RPM 和 USS_ WPM 四种。初始化指令 USS_ INIT 的指令格式及功能见表 6 – 2，各输入输出端子名称、功能及寻找的寄存器见表 6 – 3 所示：

表 6 – 2　USS_ INIT 的指令格式及功能

梯形图 LAD	语句表 STL		功能
	操作码	操作数	
USS_INIT EN ????-Mode　Done-??.? ????-Baud　Error-???? ????-Active	CALL USS_ INIT	Mode，　Baud， Active，　Error	用于允许和初始化或禁止 MicroMaster 变频器通信

注：USS_ INIT 指令，用于初始化或改变 USS 的通信参数，只激活一次即可，也就是只需一个扫描周期、调用一次就可以了。在执行其他 USS 协议指令之前，必须先执行 USS_ INIT指令，且没有错误返回。指令执行完后，完成位（Done）立即置位，然后才能继续执行下一条指令。

当 EN 端输入有效时，每一次扫描都会执行指令，这是不可以的，而应通过一个边沿触发指令或特殊继电器 SM0. 1，使此端只在一个扫描周期内有效，激活指令就可以了。一旦 USS 协议已启动，在改变初始化参数之前，必须通过执行一个新的 USS_ INIT 指令以终止旧的 USS 协议。

表 6－3　USS_INIT 初始化指令中各输入输出端子名称、功能及寻找的寄存器

符号	端子名称	类型	作用	可寻址的寄存器
EN	使能端	位	使能端为 1 时，USS_INIT 指令被执行，USS 协议被启动；为 0 时禁止	
Mode	通信协议选择端	字节	为 0 时将 PLC 的端口 0 分配给 PPI 协议，并禁止 USS 协议 为 1 时将 PLC 的端口 0 分配给 USS 协议，并允许 USS 协议；	VB、IB、QB、MB、SB、SMB、LB、AC、* VD、* AC、* LD、常数
Baud	波特率设置端	字	可选择的波特率为 1 200、2 400、4 800、9 600、19 200、38 400、57 600 或 11 520（单位：bit/s）	VW、IW、QW、MW、SW、SMW、LW、T、C、AIW、AC、* VD、* AC、* LD 常数
Active	变频器激活端	双字	用于激活需要通信的变频器，双字寄存器的位表示被激活的变频器的地址	VD、ID、QD、MD、SD、SMD、LD、T、C、AC、* VD、* AC、* LD、常数
Done	完成 USS 协议设置标志端	位	当 USS_INIT 指令顺利执行完成时，Done 输出接通，否则出错	V、I、Q、M、S、SM、L、T、C
Error	完成 USS 协议执行出错端	字节	当 USS_INIT 指令执行出错时，Error 输出错误代码	VB、IB、QB、MB、SB、SMB、LB、AC、* VD、* AC、* LD

说明：Active 用于指示出哪一个变频器是激活的，共 32 位（0～31）。例如：第 0 位为 1 时，表示激活 0 号变频器；第 0 位为 0 时，则不激活它。如现在要同时激活 1 号和 2 号变频器，Active 应为 16#00000006，如表 6－4 所示：

表 6 -4　变频器站号

D31	D30	D29	D28	…	D19	D18	D17	D16	…	D3	D2	D1	D0
0	0	0	0		0	0	0	0		0	1	1	0

3. 控制指令 USS_ CTRL

USS_ CRTL 指令如表 6 -5 所示，是变频器控制指令，用于控制 Micro Master 变频器。USS_ CRTL 指令中各输入输出端子名称、功能及寻找的寄存器如表 6 -6 所示。

表 6 -5　USS_ CTRL 指令格式呼功能

梯形图 LAD	语句表 STL		功能
	操作码	操作数	
USS_WPM_W EN XMT_~ EEPR~ ????-Drive Done-??.? ????-Param Error-???? ????-Index ????-Value ????-DB_Ptr	CALL USS_ CTRL	RUN，OFF2，OFF3，F_ ACF，DIR，Drive，Speed_ SP，Resp_ R，Error，Status，Speed，Run_ EN，D_ Dir Inhibit，Fault	USS_ CTRL 指令用于控制被激活的 Micro Master 变频器。USS_ CTRL 指令把选择的命令放在一个通信缓冲区内，经通信缓冲区发送到由 Drive 参数指定的变频器，如果该变频器已由 USS_ INIT 指令的 Active 参数选中，则变频器将按选中的命令运行

表 6 -6　USS_ CRTL 指令中各输入输出端子名称、功能及寻找的寄存器

符号	端子名称	类型	作用	数据类型
EN	使能端	位	使能	BOOL
RUN	运行/停止	位	模式	BOOL
OFF2	减速停止控制端	位	允许驱动器滑行至停止	BOOL
OFF3	快速停止控制端	位	命令驱动器迅速停止	BOOL
F_ ACK	故障确认端	位	故障确认	BOOL
DIR	方向控制端	位	驱动器应当移动的方向	BOOL

续 表

符号	端子名称	类型	作用	数据类型
Drive	地址输入端	字节	驱动器的地址	BYTE
Type	类型选择	字节	选择驱动器的类型	BYTE
Speed_ SP	速度设定端	实数	驱动器速度	DWORD
Resp_ R	相应确认端	位	收到应答	BOOL
Error	出错状态字	字节	通信请求结果的错误字节	BYTE
Status	工作状态指示端	位	驱动器返回的状态字原始数值	BOOL
Speed	速度指示端	实数	全速百分比（-200.0%~200.0%）	DWORD
Run_ EN	RUN 允许端	位	用于指示变频器的旋转方向，1 表示正在运行，0 表示已停止	BOOL
D_ Dir	旋转方向指示端	位	表示驱动器的旋转方向	BOOL
Inhibit	禁止状态指示端	位	驱动器上的禁止状态	BOOL
Fault	故障位状态指示端	位	指示故障位的状态，0 为无故障，1 为故障	BOOL

说明：

（1）每个变频器只应有一个 USS_ CTRL 指令，且使用 USS_ CTRL 指令的变频器应确保已被激活。

（2）一般情况下，USS_ CTRL 指令总是处于允许执行状态，EN 位用了一个 SM0.0（常 ON）触点的情况较多。

（3）为了使变频器运行，必须具备以下条件：在 USS_ INIT 中将变频器激活，输入参数 OFF2 和 OFF3 必须设定为 0，输出参数 Fault 和 Inhibit 必须为 0。

（4）USS_ CTRL 中的 Drive 驱动站号不同于 USS_ INIT 中的 Active 激活号，Active 激活号指定哪几台变频器需要激活，而 Drive 驱动站号是指先激活后的哪台电动机驱动，因此程序中可以有多个 USS_ CTRC 指令。

（5）要清除 Inhibit 禁止位，Fault 位必须为 0，RUN、OFF2 及 OFF3 输入位也必须为 0 状态。

（6）发生故障时，变频器将提供故障代码（参阅变频器使用手册），要清除 Fault 位，须消除故障原因，并接通 F_ ACK 位。

4. USS_ RPM_ x（USS_ WPM_ x）读取（写入）变频器参数指令

USS_ RPM_ x（USS_ WPM_ x）指令格式及功能如表 6-7 所示，指令中各输入输出端子名称、功能及寻找的寄存器如表 6-8 所示。

表 6－7　USS_ RPM_ x（USS_ WPM_ x）指令格式及功能

梯形图 LAD	语句表 STL		功能
	操作码	操作数	
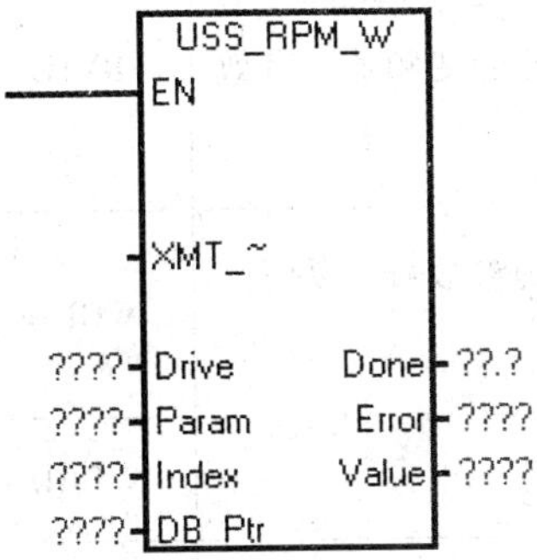 USS_RPM_W EN XMT_~ ????-Drive　Done-??.? ????-Param　Error-???? ????-Index　Value-???? ????-DB_Ptr	CALLUSS _ RPM_ W CALL USS_ RPM_ D CALL USS_ RPM_ R	XMT_ REQ，Drive，Param，Index，DB_ Ptr，Done Error，Value	USS_ RPM_ x 指令读取变频器的参数，当变频器确认接收到命令时或发送一个错误状况时，则完成 USS_ RPM_ x 指令处理，在该处理等待响应时，逻辑扫描仍继续进行
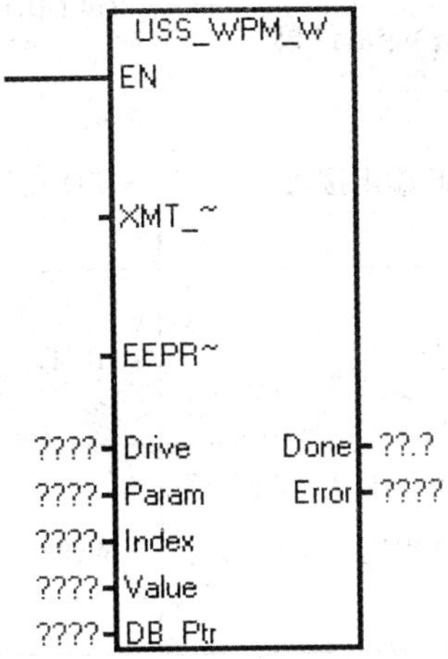 USS_WPM_W EN XMT_~ EEPR~ ????-Drive　Done-??.? ????-Param　Error-???? ????-Index ????-Value ????-DB_Ptr	CALL USS_ RPM_ W CALL USS_ RPM_ D CALL USS_ RPM_ R	XMT_ REQ，EEPROM，Drive，Param，Index，Value，DB_ Ptr，Done，Error，	USS_ WPM_ x 指令将变频器参数写入到指定位置，当变频器确认接收到命令时或发送一个错误状况时，则完成 USS_ WPM _ x 指令处理，在该处理等待响应时，逻辑扫描仍继续进行

表 6－8　USS_ RPM_ x（USS_ WPM_ x）指令中各输入输出端子名称、功能及寻找的寄存器

符号	端子名称	类型	作用	数据类型
EN	使能端	位	用于启动发送请求，其接通时间必须保持到 DONE 位置 1 为止	BOOL
XMT_ RET	发送请求端	位	在 EN 输入的上升沿到来时，USS_ RPM_ x（USS_ WPM_ x）的请求被发送到变频器	BOOL
EEPPOM	写入启动端	位	当驱动器打开时，该输入启动对驱动器的 RAM 和 EEPORM 的输入；当驱动器关闭时，仅启用对 RAM 的写入	BOOL

续 表

符号	端子名称	类型	作用	数据类型
Drive	地址输入端	字节	USS_ RPM_ x (USS_ WPM_ x) 命令将发送到这个地址的变频器，有效地址为 0 ~ 31	BYTE
Param	参数号输入端	字	用于指定变频器的参数号，以便读写该项参数值	WORD
Index	索引地址	字	读取参数的索引值	WORD
DB_ PTR	缓冲区初始地址设定端	双字	缓冲区的大小为 16B，使用该缓冲区存储向变频器发送命令的结果	DWORD
DONE	指令执行结束标志端	位	指令完成时，DONE 输出接通	BOOL
ERR	出错状态字	字节	显示指令出错的信息	BYTE
VAL	参数值存取端	字	对 USS_ RPM_ x 指令为从变频器读取参数值；对 USS_ WPM_ x 指令为写入变频器的参数值	WORD

5. USS 的编程顺序

（1）使用 USS_ INIT 指令初始化变频器，确定通信口、波特率、变频器的地址号。

（2）使用 USS_ CTRL 指令激活变频器。启动变频器、确定变频器运动方向、确定变频器减速停止方式、清除变频器故障、确定运行速度、确定与 USS_ INIT 指令相同的变频器地址号。

（3）配置变频器参数，以便和 USS 指令中指定的波特率和地址相对应。

（4）连接 PLC 和变频器间的通信电缆。应特别注意变频器的内置式 RS－485 接口。

（5）程序输入时应注意，S7 系列的 USS 协议指令是成型的，在编程时不必理会 USS 的子程序和中断，只要在主程序中开启 USS 指令库就可以了。调用位置如图 6－1 所示。

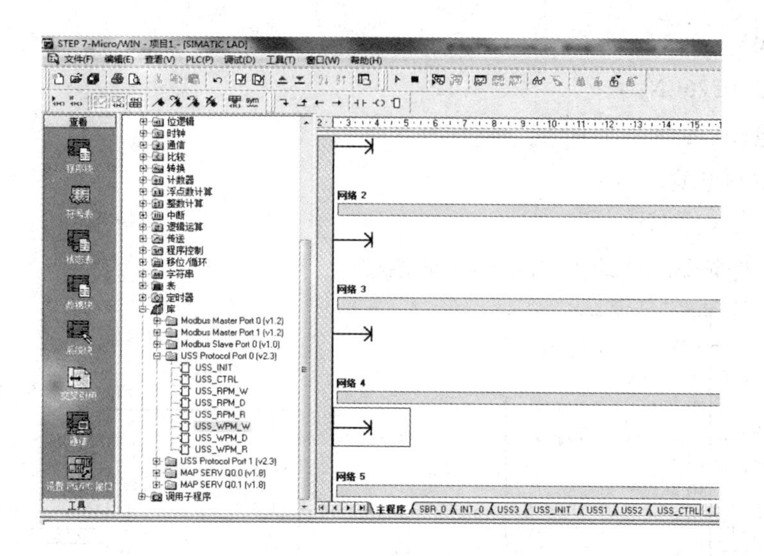

图 6-1　调用 USS 指令库

6. 通信电缆连接

用一根带 D 型 9 针阳性插头的通信电缆接在 PLC（S7-200 PLC CPU226）的 0 号通信口，9 针并没有都用上，只接其中的 3 针，它们是 1（地）、3（B）、8（A），电缆的另一端是无插头的，以便接到变频器 MM440 的 2、29、30 端子上，因这边是内置式的 RS-485 接口，在外面能看到的只是端子。两端的对应关系是：2-1、29-3、30-8；连接方式如图 6-2 所示。

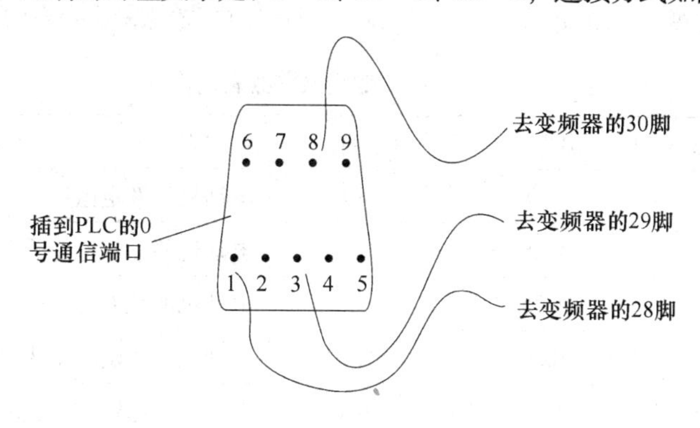

图 6-2　通信电缆的连接

举例说明：

用一台 CPU226CN 对变频器进行 USS 无级调速，已知电动机的技术参数，功率为 0.06 kW，额定转速为 1 440 r/min，额定电压为 380 V，额定电流为 0.35 A，额定频率为 50 Hz。请制订解决方案。

1. 软硬件配置

① 1 套 STEP7-Micro/WIN V4.0（含指令库）；

② 1 台 MM440 变频器；

③ 1 台 CPU226CN；

④ 1 台电动机；

⑤ 1 根编程电缆；

⑥ 1 根屏蔽双绞线。

将 PLC、变频器和电动机按图 6－3 所示接线。

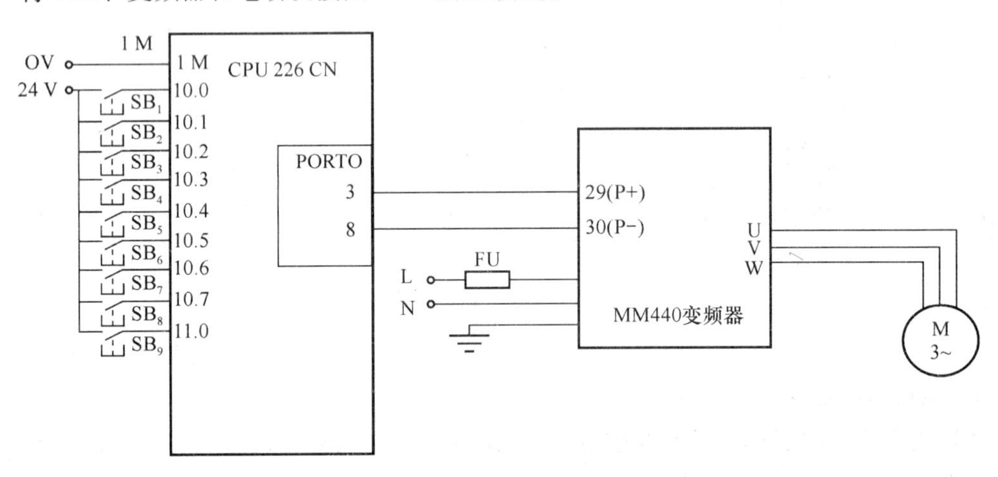

图 6－3　PLC、变频器和电动机接线图

2. 设置变频器的参数

先查询 MM440 变频器的说明书，再依次在变频器中设定表 6－9 中的参数。

表 6－9　变频器参数表

序号	变频器参数	出厂值	设定值	功能说明
1	P304	230	380	电动机的额定电压为（380 V）
2	P305	3. 25	0. 35	电动机的额定电流为（0. 35 A）
3	P307	0. 75	0. 06	电动机的功率为（60 W）
4	P310	50. 0	50. 0	电动机的额定频率为（50 Hz）
5	P311	0	1 440	电动机的额定转速为（1 440 r/min）
6	P0700	2	5	选择命令源（COM 链路的 USS 设置）
7	P1000	2	5	频率源（COM 链路的 USS 设置）
8	P2010	6	6	USS 波特率（6～9 600）
9	P2011	0	18	站点的地址

关键点：P2011 设定值为 18，与程序中的地址一致，正确设置变频器的参数是 USS 通信成功的前提。

3. 编写程序

程序如图 6－4 所示。

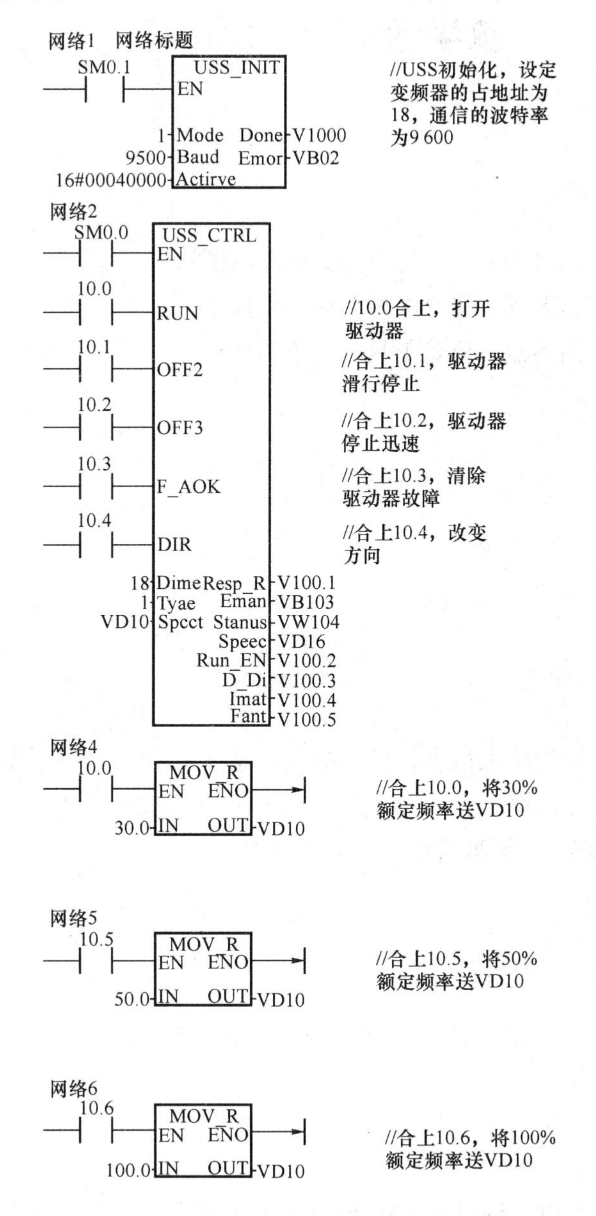

图 6－4　PLC 程序

引导问题 2：本次任务需要用 MM440 变频器 USS 通信协议及相关指令，请查阅资料并简要叙述为什么要使用 S7－200 PLC 与 MM440 变频器的 USS 通信调速控制啤酒生产线传动机构。

教学活动四　现场施工

学习目标

1. 能正确设置工作现场必要的安全标识和隔离措施。
2. 能按图纸、工艺要求、安全规程要求安装接线。
3. 能在作业完毕后清点、整理工具，收集剩余材料，清理工程垃圾，拆除防护措施。

学习场地

教室

学习课时

12 课时

学习过程

通过前面勘察现场与施工准备，已经确定改造（大修）方案，请根据图纸、工艺要求、安全规程要求安装接线，设置变频器参数，调试系统直至完成控制要求。

引导问题 1：现场需要采取哪些安全隔离措施？

引导问题 2：查阅相关工艺要求规程、安全规程，结合施工图纸安装接线。

引导问题 3：完成 PLC 编程与 MM440 变频器参数设置与后，根据改造要求该如何调试变频器？

教学活动五　施工项目验收

学习目标

能正确填写任务单的验收项目，并交付验收。

学习场地

教室

学习课时

6 课时

学习过程

对任务联系单进行填写，培养交付验收过程中进行有效沟通的能力。

引导问题：完成施工后，对照自己的成果进行直观检查，完成“自检”部分内容，同时由老师安排其他同学（同组或别组同学）进行“互检”，并填写，表 6－10。

表 6－10　自检与互检表

项目	自检		互检	
	合格	不合格	合格	不合格
电动机的选择				
变频器的选择				
布线是否合理				
是否满足改造要求				
清理现场				
沟通能力				
团结协作				

教学活动六　工作总结与评价

学习目标

1. 能以小组形式，正确规范撰写关于学习过程和实训成果的总结并汇报。
2. 能采用多种形式展示成果。
3. 完成对学习过程的综合评价。

学习场地

教室

学习课时

4 课时

学习过程

同学们以小组为单位，选择演示文稿、展板、海报、录像等形式向全班展示学习成果。

引导问题 1：请你简要叙述在啤酒生产系统传动控制工作中学到了什么知识（专业技能和技能之外的能力）。

引导问题 2：讨论总结小组在检修工作过程中还存在哪些问题，是什么原因导致的，如何改进，完成表 6－11。

表 6－11　学习过程经典问题记录表

序号	经典问题	问题原因	解决方法

引导问题3：对本次任务完成情况做出个人总结并完成综合评价（如表6－12）。

表6－12　个人总结与结合评价表

<table>
<tr><th rowspan="2">评价项目</th><th rowspan="2">评价内容</th><th rowspan="2">评价标准</th><th colspan="3">评价方式</th></tr>
<tr><th>自我评价</th><th>小组评价</th><th>教师评价</th></tr>
<tr><td rowspan="3">职业素养</td><td>安全意识责任意识</td><td>A 作风严谨、自觉遵章守纪、出色地完成工作任务
B 能够遵守规章制度、较好地完成工作任务
C 遵守规章制度、没完成工作任务，或虽完成工作任务但未严格遵守规章制度
D 不遵守规章制度、没完成工作任务</td><td></td><td></td><td></td></tr>
<tr><td>学习态度</td><td>A 积极参与教学活动，全勤
B 缺勤达本任务总学时的10%
C 缺勤达本任务总学时的20%
D 缺勤达本任务总学时的30%</td><td></td><td></td><td></td></tr>
<tr><td>团队合作意识</td><td>A 与同学协作融洽、团队合作意识强
B 与同学能沟通、协同工作能力较强
C 与同学能沟通、协同工作能力一般
D 与同学沟通困难、协同工作能力较差</td><td></td><td></td><td></td></tr>
<tr><td rowspan="4">专业能力</td><td>学习活动1、2明确工作任务和勘察施工现场</td><td>A 按时、完整地完成工作页，问题回答正确，数据记录准确完整
B 按时、完整地完成工作页，问题回答基本正确，数据记录基本准确
C 未能按时完成工作页，或内容遗漏、错误较多
D 未完成工作页</td><td></td><td></td><td></td></tr>
<tr><td>学习活动3施工前的准备</td><td>A 学习活动评价成绩为90～100分
B 学习活动评价成绩为75～89分
C 学习活动评价成绩为60～74分
D 学习活动评价成绩为0～59分</td><td></td><td></td><td></td></tr>
<tr><td>学习活动4现场施工</td><td>A 学习活动评价成绩为90～100分
B 学习活动评价成绩为75～89分
C 学习活动评价成绩为60～74分
D 学习活动评价成绩为0～59分</td><td></td><td></td><td></td></tr>
<tr><td>学习活动5施工项目验收</td><td>A 学习活动评价成绩为90～100分
B 学习活动评价成绩为75～89分
C 学习活动评价成绩为60～74分
D 学习活动评价成绩为0～59分</td><td></td><td></td><td></td></tr>
<tr><td colspan="2">创新能力</td><td>学习过程中提出具有创新性、可行性的建议</td><td colspan="3">加分奖励：</td></tr>
<tr><td colspan="2">学生姓名</td><td></td><td>综合评价等级</td><td colspan="2"></td></tr>
<tr><td colspan="2">指导老师</td><td></td><td>日期</td><td colspan="2"></td></tr>
</table>